U0326285

水体颗粒物的特性与加工工艺

【英】John Gregory　著
韩桂洪　译

北　京
冶　金　工　业　出　版　社
2019

北京市版权局著作权合同登记号　图字：01-2019-2205

Particles in Water：Properties and Processes 1st Edition/by John Gregory/ISBN：9781587160851

内 容 提 要

本书详细阐述了水体中颗粒物的胶体特性及测定方法、胶体表面电荷及颗粒间作用、颗粒聚集动力学、混凝与絮凝、典型颗粒物分离方法等。

本书可供从事矿物加工工程、环境科学与工程、化学工程等领域的科研技术人员阅读参考，也可作为高校相关课程的教学用书或参考教材。

图书在版编目(CIP)数据

水体颗粒物的特性与加工工艺/(英)约翰·格雷戈里（John Gregory）著；韩桂洪译.—北京：冶金工业出版社，2019.6

书名原文：Particles in Water：Properties and Processes

ISBN 978-7-5024-8113-1

Ⅰ.①水…　Ⅱ.①约…　②韩…　Ⅲ.①水体—颗粒物质—物理化学性质　②水体—颗粒物质—分离　Ⅳ.①P341

中国版本图书馆 CIP 数据核字(2019)第 082007 号

出 版 人　谭学余

地　　址　北京市东城区嵩祝院北巷 39 号　邮编　100009　电话　(010)64027926

网　　址　www.cnmip.com.cn　电子信箱　yjcbs@cnmip.com.cn

责任编辑　徐银河　美术编辑　郑小利　版式设计　孙跃红

责任校对　王永欣　责任印制　李玉山

ISBN 978-7-5024-8113-1

冶金工业出版社出版发行；各地新华书店经销；三河市双峰印刷装订有限公司印刷

2019 年 6 月第 1 版，2019 年 6 月第 1 次印刷

169mm×239mm；9.25 印张；179 千字；137 页

88.00 元

冶金工业出版社　投稿电话　(010)64027932　投稿信箱　tougao@cnmip.com.cn

冶金工业出版社营销中心　电话　(010)64044283　传真　(010)64027893

冶金工业出版社天猫旗舰店　yjgycbs.tmall.com

（本书如有印装质量问题，本社营销中心负责退换）

前　言

胶体与界面化学是研究胶体分散体系，特别是溶液体系下胶体颗粒和界面现象的一门科学。胶体现象非常广泛和复杂，无论是在工业生产，还是在日常生活的衣、食、住、行等各个方面，均会遇到与胶体颗粒和胶体化学有关的各种问题，如水体污染物治理、矿物浮选、功能与复合材料等，与国家资源开发、环境保护和人民生活等方面都密切相关。

越来越多的学生在求学过程中会涉及水体颗粒物的相关知识，然而却很少有一门课程专门全面讲述水体中天然颗粒基本性质。一般他们不得不通过查阅大量的溶液化学、颗粒分离、颗粒技术书籍资料，甚至应用物理或光散射专业资料来了解这方面知识。正是为了方便学生对水体颗粒相关知识的学习，英国伦敦大学学院的 John Gregory 教授出版了《Particles in Water：Properties and Processes》一书。John Gregory 教授在国际水污染和水处理领域享有盛誉，具有长达 40 多年的教学科研经历。该书是介绍胶体颗粒基础理论及分离方法的经典教材，至今未见到有中文版。本书详细阐述了水体中颗粒物的胶体特性及测定方法、胶体表面电荷及颗粒间作用、颗粒聚集动力学、混凝与絮凝、典型颗粒物分离方法等。

本译著保持了英文版理论与实际应用相结合的特色，特别是对资源加工、环境科学、化学、化工、材料科学等学科中一些同胶体与界面化学、水体颗粒分离密切相关的问题及方法进行了介绍，可供从事矿物加工工程、环境科学与工程、化学工程、材料科学与工程等领域的科研技术人员阅读参考，也可作为本科生及研究生“胶体物理化学”

或“颗粒学”课程的教学用书或参考教材。全书概念清晰，针对性和适用性较强。

本书的翻译，特别是在录入和校订的过程中，得到了黄艳芳副教授、柴文翠、武宏阳、杨淑珍、王文娟、苏胜鹏几位博士的帮助。本书的出版得到国家自然科学基金（No. 51674225）、河南省高校科技创新人才支持计划（No. 18HASTIT011）以及郑州大学青年教学名师培育项目的资助。在此一并表示感谢！

由于译者水平所限，书中存在的不足之处，敬请广大读者不吝赐教。

韩桂洪

2018 年 11 月 25 日

目录

1 绪 论

1.1 水中颗粒物

1.1.1 来源与性质

天然水体中含有的多种杂质大多是来自于岩石风化和土壤径流。人类活动也起着重要作用，尤其是人类活动所产生的生活和工业废水。同样水生生物也是天然水体中大量杂质成分的重要来源。

就水环境中的杂质而言，最基本的一点在于其溶解态和颗粒态之间的区别。虽然在理论上来讲这是一个简单的概念，但对二者的区分并不简单（参见后续章节）。对于许多物质而言，水是一种很好的溶剂，尤其是无机盐，自然水体中绝大多数的可溶解杂质都属于这一类型。最纯净的水体中总溶解固体（TDS）的数值范围为50~1000mg/L(g/m^3)，其中至少有90%是可溶性盐类物质。对于海水而言，总溶解固体（TDS）的含量为35g/L，其中大部分是氯化钠，其余部分几乎全部是由其他盐类组成。

水中相对难溶的物质可以微小颗粒的形式存在，并且能够长时间保持悬浮状态（几天或者几周）。这些杂质的总含量被称为总悬浮固体量（TSS）。在大部分天然水体中，其含量要远小于总溶解固体量（TDS），通常为10~20mg/L。然而，也有一些例外的情况，例如，在季节性强降雨发生的地方，大量的颗粒物质被雨水携带进入河流；我国黄河水体中携带的悬浮固体物含量可达到每升几克。水体中的混合杂质（溶解+悬浮）被称为总固体物（TS）。

在天然水体中发现的悬浮颗粒物的主要类型有无机颗粒物、有机颗粒物，包括大分子物质、活体和死亡的生物体。

（1）无机颗粒物主要来自自然的风化过程，包括黏土矿物，如高岭石和蒙脱石；氧化物质包括各种铁氧化物；还有硅石、方解石以及许多其他矿物。

（2）有机颗粒物主要来源于动植物尸体的生物降解。总的来说，这些物质被称为天然有机物（NOM），其中大部分物质存在于水溶液中。但是，这些物质分子较大（大分子物质），并且具有一些“颗粒”特性（见后续章节），属于“真正”有机颗粒物质常见例子是细胞碎片。水中的天然有机物（NOM）通常是通过总有机碳（TOC）含量来测定的，可溶性组分则是通过溶解有机碳（DOC）含量来测定的。大部分的溶解有机碳属于一种被称为腐殖酸的物质，正是这类物质使得许多天然水体呈现深褐色。

（3）水体中各种类型的水生生物都可以被看做是“颗粒物”，但需要注意的是，这仅仅限于单细胞微生物。天然水体中存有大量的这类有机生命体，按照尺寸由小到大可分为：病毒（虽然其并不是严格意义上的细胞）、细菌、藻类（包括硅藻）和原生动物。存在于水体中的这类微生物是单细胞或大的菌落。

自然水体中微小颗粒物的显微电子图像如图 1-1 所示。图中清晰地显示出水体颗粒物有着较宽的尺寸范围。颗粒尺寸将在第 1.1.2 节进一步讨论。

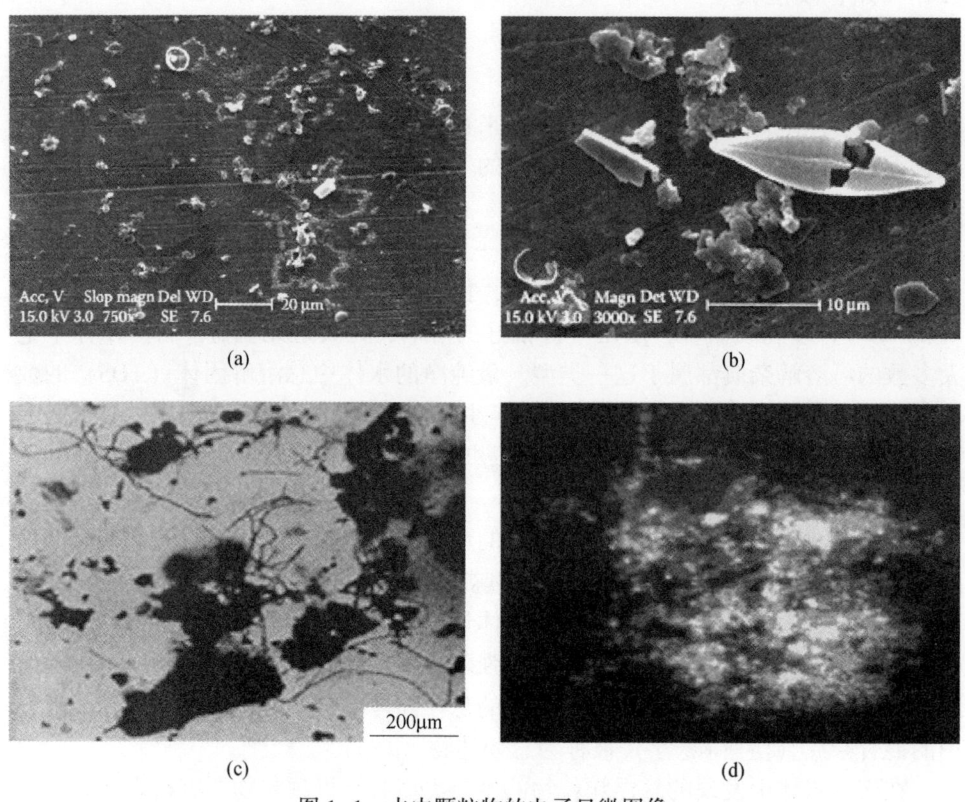

图 1-1 水中颗粒物的电子显微图像

（a）样品来源为英国泰马河；（b）同一样品来源，增加放大倍数（图像（a）和（b）源于 Doucet F. J. et al.，J. Environ. Monit.，115~121，2005. 已获准使用）；（c）被有机丝网格聚集的黏土矿物与氢氧化铁颗粒物（图（c）比图（a）和（b）具有更大的倍率，图片使用得到 J. Buffle 教授允许）；（d）美国加州蒙特雷湾的“海洋雪”，主要由细菌生长繁殖而成。这幅图显示了一个大聚集体中的 37μm×27μm 部分

（图像来源于 Azam F. 和 Long R. A.，Nature，414，495~498，2001. 并获准使用）

在大部分情况下，颗粒物会在一定程度上发生聚集，因此其表观尺寸要大于

单个颗粒物的尺寸。后续章节中还会讨论颗粒物聚集的问题。在海洋环境中，聚集形成的大团聚体称为“海洋雪”。这些聚集体的直径可达到几毫米，主要由微生物体组成，如细菌、硅藻、粪便颗粒以及其他组分等，这些物质会以多糖卷须的形式结合在一起。以图 1-1(d) 所示为例，“海洋雪”在海中迅速沉降，这对海洋中碳源和其他营养物质转移到海洋底层起着重要作用。

1.1.2 颗粒尺寸范围

图 1-2 显示了颗粒大小的刻度尺，单位由 1Å(1Å = 10^{-10}m) 到 1mm 七个等级。尺寸从原子级别到典型的沙粒大小。图 1-2 还显示了各种形式电磁辐射的波长，以及微生物体和无机颗粒物的尺寸大小，例如黏土颗粒的大小。其他无机颗粒物质如铁氧化物也有类似的尺寸。

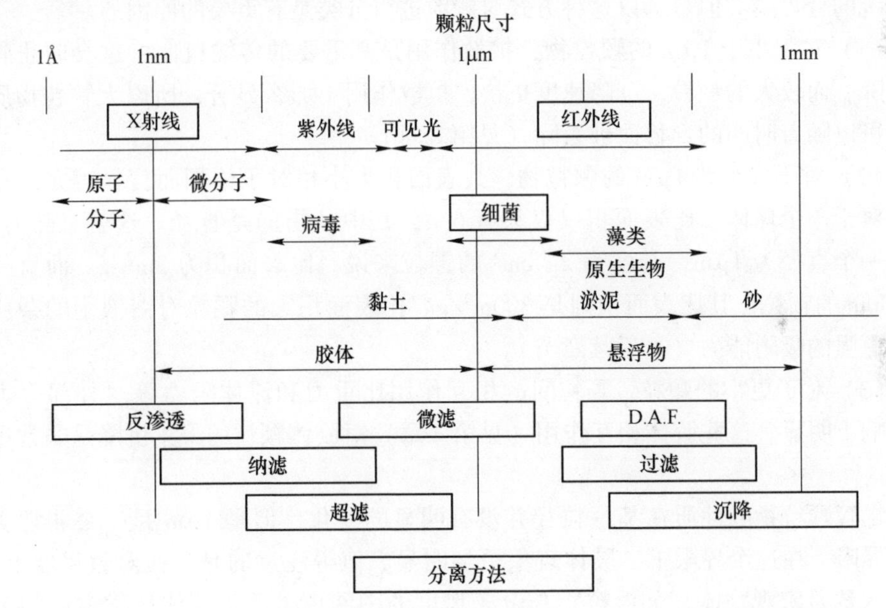

图 1-2 水中典型颗粒污染物的颗粒尺寸范围、不同类型电镜的辐射波长以及适用于不同尺寸颗粒物的分离方法

D. A. F. —溶气浮选

大于 50μm 的颗粒物通常是肉眼可见的，而较小的颗粒物需要在显微镜下才能观察到。尺寸为 1μm 左右的颗粒物仍能在普通光学显微镜下观察到，但是尺寸更小的颗粒物光学显微镜则难以看到，这是因为颗粒尺寸大小与可见光的波长范围相近似。对于尺寸在 1μm 以下甚至几纳米的颗粒物，因为电子具有更短的有效波长，所以利用电子显微镜就可以观察到这类细小的颗粒物。

特别小的颗粒物质（约 20nm 或更小）与溶解大分子物质有着相似的尺寸，

在这一范畴内，对于颗粒物和可溶性物质的区分变得相对模糊。在实际当中，用于区分“溶解性”和“颗粒性”杂质的操作通常是基于膜过滤工艺（微滤，见第7章）。通常而言，水样经固定孔径为0.45μm的滤膜过滤后，通过过滤器的杂质（渗透物）通常称之为“溶解性”杂质，而被过滤器截留的杂质（滞留物）则被定义为“颗粒性”杂质。这是一个模糊的定义，并且在图1-2中可以清楚地看到这一定义会使得诸如病毒和一些黏土矿物等小颗粒物质都归类到“溶解性”杂质的范畴。尽管如此，这个标准还是有着许多优点，并且许多出版物中对溶解性和颗粒性杂质的分类也都是根据膜过滤来分类的。

另外一个非常重要的区别是关于胶体和悬浮物，有时也称为分散物。传统意义上，胶体的尺寸范围上限为1μm，并且将尺寸为1~1000nm(0.001~1μm）的颗粒称之为胶体。尺寸为1μm时，颗粒性质并没有显著变化，所以这是一个较为传统的分界线。但是，以这种方式对颗粒进行分类是有重要的原因的。

（1）对于小于1μm的颗粒物，扩散作用是其重要的传输机制，这会防止颗粒沉降。而较大的颗粒，沉降速度更快，扩散作用不那么显著，所以大颗粒物质往往可以随着时间的推移而被去除（见第2章)。

（2）对于大小约1μm的颗粒物，其表面积大小相对于体积而言显得尤为重要。对于一个球体，比表面积仅仅只有$6/d$，其中d指的是直径。这就意味着，对于一个直径为1μm，密度为$2g/cm^3$的颗粒来说，比表面积为$3m^2/g$。而直径为10nm的颗粒，其比表面积则是$300m^2/g$。比表面积大的颗粒对溶液中的杂质具有更强的吸附能力（见后续章节)。

（3）对于更小的颗粒，颗粒间的相互作用比重力和流体阻力等“外部”力的影响更明显。这些胶体相互作用（见第4章）对胶体颗粒的聚集沉降是非常重要的。

尽管颗粒物的性质在某一粒径并没有明显的变化，但是1μm是一个非常实用的界限，在这个界限下，胶体现象更加明显。值得注意的是，在对数尺度上，1μm大约是宏观物体（如沙粒）与分子尺度的中间值。关于胶体科学方面的著作最早出现于1914年，是由沃尔夫冈·奥斯特瓦尔德撰写的*Die Welt der vernachlässigten Dimensione*（被忽视维度的世界)。本章第2节中，将继续介绍胶体。

1.1.3 水体中颗粒物的影响

天然水体中颗粒状杂质的存在对水质有一系列重要的影响，但主要是负面影响。

（1）颗粒物使光线散射并增加水的浊度（见第2章)。无机颗粒物，如黏土矿物，在浓度仅为每升几毫克时就能显著影响水的浊度。尽管浊度可能对一些水生生物（例如食肉鱼）有害，但主要是影响水体美观。

(2) 正如前文所述，由于颗粒物具有较大的比表面积，可以吸附某些水溶性杂质，如腐殖质和微量金属。这可能会显著影响颗粒表面吸附杂质的迁移，因为它们将随着颗粒物而移动。一个显著影响是，沉降颗粒吸附的水溶性杂质，会被转移到河流、湖泊，或海洋的沉积物中。

(3) 病毒和细菌等微生物体可能是病原体（会引起疾病），因此这种水质会危害人体健康。一些病原体能够附着在其他颗粒物上，如黏土矿物，这将“屏蔽”水处理过程中使用的消毒剂。

由于诸多原因，饮用水中的颗粒物是有害的，因此水处理工艺的主要目标就是清除这些颗粒物（见第7章）。图1-2中靠下部分的框中给出了一些不同尺寸范围的颗粒物适用的分离技术。

1.2 胶体的特性

本书后续章节将继续探讨胶体现象，但在此需要阐述一些基本知识点。

1.2.1 胶体的分类

根据尺寸大小（1~1000nm）给胶体定义是非常方便的，但是也常采用更进一步的分类。在胶体科学发展的早期，水中胶体就被划分为了亲水性胶体和疏水性胶体（“亲水”和“憎水”）。对于非水体胶体，相应的专业词汇为亲液胶体和疏液胶体（“亲液”和“憎液”）。在此只讨论水体中的胶体。

亲水性胶体基本上都是水溶性的大分子，如蛋白质、树胶、淀粉和许多合成聚合物，一般其尺寸范围为1~10nm，但对于大分子聚合物，尺寸会更大。水体中的大部分天然有机物是亲水性胶体，例如腐殖质。“胶体”这一专业术语是由托马斯·格雷厄姆(1805~1869年)首先提出，其源于希腊词汇“胶”，所以胶体这一词汇最早适用于亲水性物质。然而，格雷厄姆（被称为“胶体科学之父”）也曾致力于无机胶体的研究，胶体这一专业术语也逐渐适用于所有足够小的颗粒物。

亲水性胶体的一个基本性质是它们对水具有亲和性，并且从热力学角度来讲是稳定的。如果不受化学或生物学方面的影响，它们在溶液中始终会保持原有的状态。这种稳定性可以通过减小胶体在水中的溶解性来降低，例如改变温度，蛋白类物质加热之后会发生蛋白质“凝聚”。化学条件发生变化，也能引起亲水性胶体失稳沉淀，例如pH值变化。在许多情况下，增加盐的浓度可引起盐析沉淀，对于蛋白质而言更是如此。

即使中等浓度的亲水胶体溶液（溶胶），也和水有着明显的不同，主要是因为其分子尺寸较大。最显而易见的例子是多聚合物溶液的高黏度，这是由于聚合物链的延展性。由于空气/水界面的吸附作用，大分子溶液的表面张力也可能低于水。

虽然亲水胶体是在纯溶液中，但是由于其较大的分子尺寸，使其具有一定的“颗粒”特性。例如，与小分子物质不同，它们可以散射光线，不能通过透析膜。

疏水性胶体是不溶于水的物质，但它们能够分散成很小的颗粒。典型的例子是无机材料，如黏土矿物和氧化物，它们能够在水中以较宽的粒径范围存在（见图 1-2)。“疏水性”一词容易让人产生误解，因为它通常指的是材料难以被水润湿的性质，如聚四氟乙烯和滑石粉。这些材料表面与水接触的接触角非常有限，而亲水性物质则能够被完全润湿，接触角能够达到零度（此内容是关于浮选法脱除颗粒物，见第 7 章)。在胶体的概念中，“疏水”仅仅意味着物质是不溶于水的，而不讨论其润湿性。事实上，真正的疏水性颗粒是难以或不可能在水中分散的，因为它们不能完全润湿。

疏水性和亲水性胶体之间最重要的区别是，前者是热力学不稳定的。颗粒与水的界面之间存在界面能。考察这种能量的最简单办法是计算小块物质分成小的颗粒所需要做的功，用表面能或界面能来表示。颗粒越小，总表面积越大，因此表面能也越大。这意味着，单位质量的小颗粒比大颗粒具有更大的表面能，并且能够与其他颗粒聚集以减小与水的接触面积，从而获得更稳定的（低能量）状态。事实上，由于动力学稳定性的原因，疏水性胶体可以在较长时间内保持良好的分散状态，因为颗粒间排斥力阻碍颗粒的相互接触。胶体稳定性将在下一节简要讨论，并在第 4 章中详细探讨。

天然水体中的可溶性有机物可能吸附于无机颗粒物上，使无机颗粒物具有一定的亲水特征，因而水体中亲水性胶体和疏水性胶体常常难以区分。人们发现，虽然海洋中的无机颗粒物在很多方面具有不同的性质，但是其表面特性仍然是相似的，例如 Zeta 电位（见第 3 章)。这是因为颗粒物表层被有机物包裹覆盖从而使其表面性质呈现出有机包裹层的特性，而不是内部颗粒物的表面性质。

1.2.2 疏水性胶体的稳定性

虽然疏水性胶体的热力学性质不稳定，但仍能以单个分散的颗粒保持较长时间。水中的颗粒会彼此碰撞（见第 5 章)，并且有足够的机会形成聚集体。但是，在大部分情况下这种情况并不会发生，原因是颗粒间存在排斥力，这种排斥力使得颗粒物之间难以真正接触。最主要的原因是水中的颗粒物几乎都具有表面电荷，这使得颗粒间产生静电斥力作用。表面电荷是第 3 章的内容，表面电荷对胶体稳定性的影响将在第 4 章讨论。颗粒间可能存在的其他排斥力也将在第 4 章进行讨论。

由于静电斥力是胶体稳定性的起因，因此它在很大程度上会受水中溶解盐的影响（见第4章）。有多种方法可以降低胶体的稳定性，进而使得颗粒物发生聚集。在混凝和絮凝过程中颗粒物会发生明显的聚集，相应的添加剂分别称为混凝剂和絮凝剂（见第6章）。这些工艺被广泛地应用于固液分离过程。颗粒物分离工艺将在第7章讨论，也会在第1.2.3节做简要介绍。

1.2.3 颗粒物的分离工艺

水体中有些颗粒物是不想要的杂质，这些物质必须去除，例如，水处理和污水处理中的杂质；也有些颗粒物可能属于有用的物质，这些物质需要再次回收，例如，在矿物加工和生物技术中处理的颗粒。

从本质上来讲，水中的颗粒物可以通过以下方法去除：（1）沉淀法（包括离子沉淀法）；（2）浮选法（包括分散气浮法和溶解气浮法）；（3）过滤法（包括深层床和膜过滤法）。

这些处理工艺很大程度上取决于颗粒物的尺寸，因此通过混凝和絮凝的方法增大颗粒物的尺寸是非常必要的，这能够使其更有效的分离。在颗粒物聚集过程中，胶体相互作用是非常重要的，并且胶体相互作用会影响颗粒在其他表面（如滤料和气泡）的黏附。

后面章节所涉及的主要内容在颗粒物分离工艺中均非常重要。较稀的悬浮液是水处理过程中遇到的典型问题，但其基本原理也能用于各个行业中的固液分离过程，包括生物技术、矿物加工、造纸和其他行业。

延伸阅读

1. Tadros，Th. F. and Gregory，J.，（Eds.），Colloids in the Aquatic Environment，Elsevier Applied Science，London（Special issue of Colloids and Surfaces A 73，1993.）.

2. Wotton，R. S. The Biology of Particles in Aquatic Systems，CRC Press，Boca Raton，FL，1994.

2 颗粒的尺寸及相关性质

2.1 颗粒的尺寸和形状

水体中的“颗粒”尺寸从几纳米高分子物质到几微米沙粒不等。自然颗粒也有各种各样的形状，包括棒形、条形和圆形以及它们的变异形式，正是颗粒的这些形状使得颗粒的尺寸不同。

若颗粒都是球形的，那么关于颗粒的许多问题都变得非常简单。在这种情况下，颗粒仅有一个参数（直径），它的热力学特性将很容易处理。当然，在自然水体中，非球形颗粒的某些特性也是非常重要的。根据颗粒的这种属性，提出了一个常见的概念“等价球体”。

例如，一个不规则颗粒的表面积是一定的，那么它的等价球体的表面积与之相同。等价球体的直径为 d，面积为 πd^2。因此，如果非球形颗粒的表面积是已知的，等价球体的直径很方便计算出来。给定一个颗粒体积，球形颗粒的表面积是最小的，因此一个给定颗粒的体积（或质量）等于或小于等价球体。

根据沉降速度的不同提出了另一个常见的定义是等价球体直径（参见第2.3.3节）。在这种情况下，从沉降速度和颗粒密度的角度出发，球体的直径可由相同材料的沉降速度计算，就称为“斯托克斯当量”。

为了方便计算，在此主要以球形颗粒性质进行研究，虽然实际颗粒并不是球形，但是它们的行为与等价球体是相似的。

2.2 粒度分布

2.2.1 常用粒度分布

只有在特殊情况下，给定的悬浮液中的颗粒大小才会相同。一个例子就是单分散乳胶样品，常应用于基础研究和特殊应用领域。在自然水体环境下的颗粒分离过程中，必须处理悬浮液粒度分布很宽的问题。在这些情况下，若用一个简单的数学表达式来表示这些颗粒的分布是非常方便的。不同的应用领域有不同的粒度分布表达方式，在此只考虑几个具有代表性的例子。

总的来说，粒度分布给出了不同粒度范围的分数，可以用概率或者频率函数

$f(x)$ 表示，x 是粒度的某种量度，如直径。这个函数的定义就是颗粒的尺寸在无限小区间 x 和 $x+\mathrm{d}x$ 内的分数值为 $f(x)\mathrm{d}x$。而颗粒尺寸为 x_1 和 x_2 之间的分数值可用式（2-1）表达。

$$\int_{x_1}^{x_2} f(x)\mathrm{d}x \tag{2-1}$$

颗粒的平均尺寸 $\bar{x}$ 由式（2-2）计算，方差 σ^2(σ 是标准偏差）由式(2-3)计算：

$$\bar{x} = \int_0^{\infty} xf(x)\mathrm{d}x \tag{2-2}$$

$$\sigma^2 = \int_0^{\infty} (x - \bar{x})^2 f(x)\mathrm{d}x \tag{2-3}$$

用累积频率分布函数 $F(x)$ 来表示粒度分布非常方便，累积频率就是表示颗粒尺寸小于 x 的分数占比，由式（2-4）表示：

$$F(x) = \int_0^{x} f(x)\mathrm{d}x \tag{2-4}$$

当用百分数表示时，通常表示为“%筛下”。因为颗粒有一个尺寸上限，频率分布函数 $f(x)$ 必须满足 $F(\infty)=1$的条件（也就是频率函数的归一化）。

另外一种表示频率分布（或差分分布）与累积频率关系的表达式为：

$$\frac{\mathrm{d}F(x)}{\mathrm{d}x} = f(x) \tag{2-5}$$

累积频率分布函数 $F(x)$ 在任意一点的斜率是频率分布函数 $f(x)$。$f(x)$ 和 $F(x)$ 的关系如图 2-1 所示。频率分布函数的最大值（例如：最可能的值）在累积频率分布函数的最大斜率处（拐点）。对于只有一个峰值的分布，称为模式分布，这种分布称为单型分布。频率分布的中位数对应于 50%的累积分布，也就是说，有半数颗粒的尺寸小于（或大于）中位数的尺寸。式（2-2）定义了平均尺寸。对于对称分布，平均值、中值、模型尺寸是一样的。对于非对称分布，这些数值可能不同。

上述的粒度分布都是在给定的粒度范围内讨论的，但是也可以用其他方式来表示粒度分布。最常见的就是质量（或体积）分布，具有一定尺寸范围的颗粒的质量或体积分数就可以用这些分布来表达。相同材料的颗粒，质量分布和体积分布是相同的，因为质量和体积可以通过材料的密度进行关联。对于不同材质颗粒组成的混合体，质量分布与数量分布之间并不是一个简单的关系。简便起见，只考虑相同材质的颗粒。

对于一个球体，质量与球体直径的立方成正比，这使得颗粒的质量分布与粒

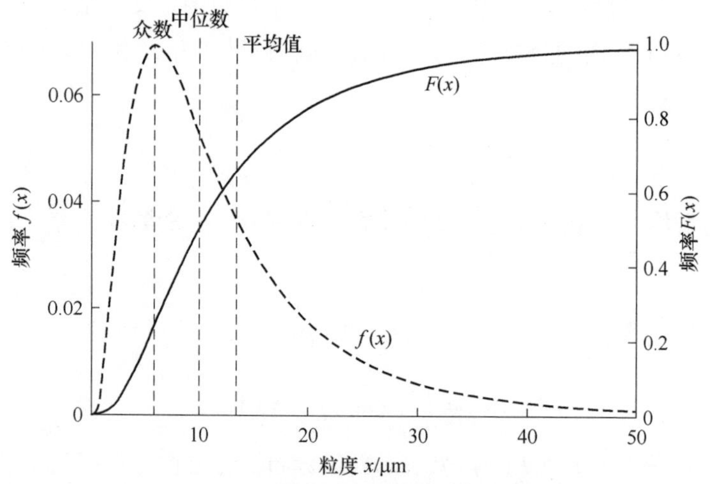

图 2-1 频率分布和累积频率分布图

（图中显示的分布是对数正态分布，见方程（2-12），

中位数 $x_g = 10$，标准差的对数 $\ln\sigma = 0.75$）

度分布有很大区别。颗粒的质量分布的表达式如式（2-6）所示：

$$f_m(x) = Bx^3 f(x) \tag{2-6}$$

式中，B 是归一化分布的常数，所有粒度的积分就是一个单位 1：

$$\int_0^\infty f_m(x)\,dx = B\int_0^\infty x^3 f(x)\,dx = 1 \tag{2-7}$$

式（2-7）表明，所有颗粒质量都介于零和无穷大之间（频率分布函数 $f(x)$ 的值也可定义为 $\int_0^\infty f(x)\,dx = 1$）。对于含有同类颗粒的悬浮液，其频率分布和质量分布如图 2-2 所示。质量分布比较宽，在一个较大的颗粒尺寸处有一个峰值（众数）。平均质量 $\overline{x_m}$（也称作平均重量）的表达式如下：

$$\overline{x_m}^3 = \int_0^\infty x^3 f(x)\,dx \tag{2-8}$$

对于真正的单分散悬浮体系，其平均数量和平均质量一致。这些值的比值是分布广度的一种衡量。

以上讨论的均是连续分布，粒度作为一个参数来处理。粒度可以取任意值，并且 $f(x)$ 是 x 的连续函数。从离散分布的角度来考虑这个问题会更简单。例如，悬浮液含有已知浓度的颗粒，而且颗粒大小在离散尺寸范围内，其分布可以直方图的形式表示，如图 2-3 所示。事实上，测定粒度的实验方法通常用这种方式表示。从图 2-3 中可以清晰地看出，选定粒度间隔越小，直方图分布的形状越接近于连续分布。如果一个平均尺寸分配一个间隔，那么可以说尺寸 x_1 有 N_1 个颗粒，尺寸 x_2 有 N_2 个颗粒，以此类推。因此，颗粒的总数 N_T 表示为 $N_T = \sum_i N_i$，

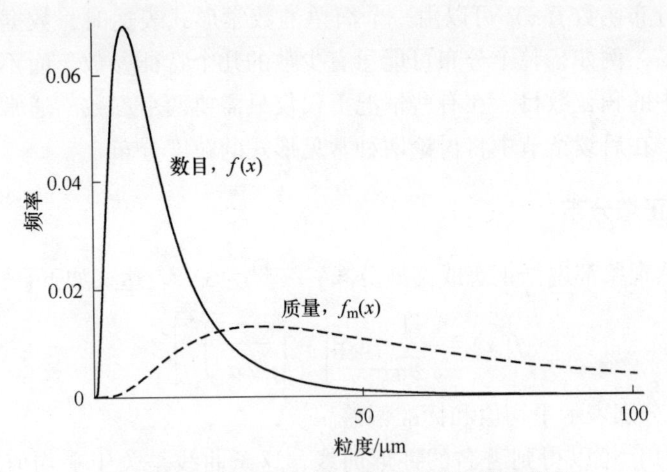

图 2-2 与图 2-1 相同分布的质量和数量分布

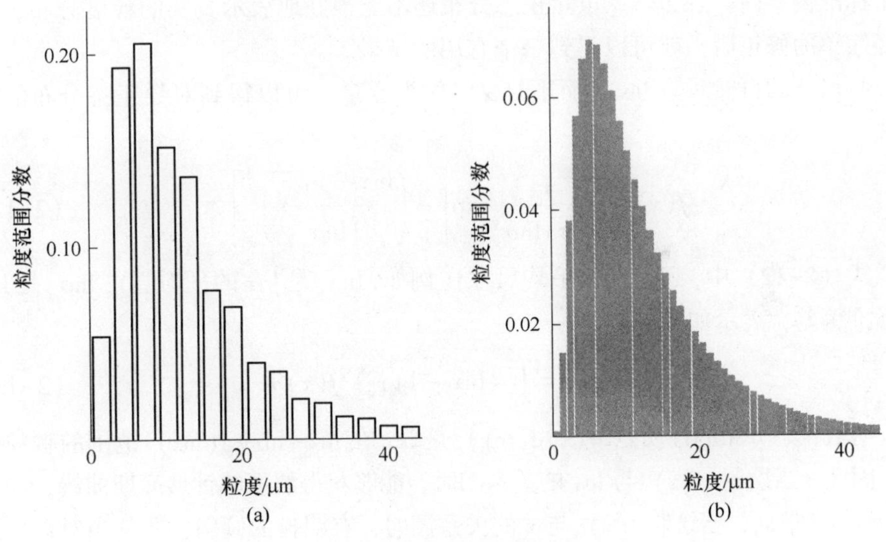

图 2-3 粒度分布直方图

尺寸间隔：（a）3μm；（b）1μm

N_i 是尺寸为 x_i 的颗粒数，总数就是测量的所有颗粒的数目。

离散型分布的均值和方差通过式（2-9）和式（2-10）计算：

$$\bar{x} = \frac{\sum x_i N_i}{N_T} \tag{2-9}$$

$$\sigma^2 = \frac{\sum N_i (x_i - \bar{x})^2}{N_T} \tag{2-10}$$

这些方程与连续分布的方程（2-2）和（2-3）是类似的。

当粒度分布函数 $f(x)$ 可以由一个简单的数学形式表达时，数据的表现形式变得非常容易。例如，整个分布可能只有少数的几个特征参数，而不必说明在所有粒度间隔中的颗粒数目。在有些情况下仅仅只需要两个参数，通常为平均粒度和标准偏差。在后续章节中将讨论两种常见形式的粒度分布。

2.2.2 对数正态分布

许多自然现象都遵循正态或高斯分布，变量为 x，表达式如下：

$$f(x)=\frac{1}{\sqrt{2\pi}\sigma}\exp\left[-\left(\frac{x-\bar{x}}{\sqrt{2}\sigma}\right)^2\right] \tag{2-11}$$

式中，$\bar{x}$和 σ 分别表示平均值和标准偏差。

式（2-11）可以得到著名的钟形曲线，这条曲线是关于平均值对称的。大约68%的数值分布于平均值的一个标准偏差内，大约95%的数值分布于平均值的两个标准偏差内（$x\pm2\sigma$）。虽然正态分布还不能很好地表示真实的粒度分布，但是经简单的修正后，就可以得到一个有用的结果。

将尺寸的自然对数 $\ln x$（而不是 x）作为变量，可以得到对数正态分布的表达式：

$$f(x)=\frac{1}{\sqrt{2\pi}x\ln\sigma_g}\exp\left[-\left(\frac{\ln x-\ln\bar{x}_g}{\sqrt{2}\ln\sigma_g}\right)^2\right] \tag{2-12}$$

式（2-12）中，$\bar{x}_g$是几何平均尺寸（例如，$\ln\bar{x}_g$是 $\ln x$ 的平均值）；$\ln\sigma_g$ 是 $\ln x$ 的标准偏差，表示如下：

$$(\ln\sigma_g)^2=\int_0^\infty(\ln x-\ln\bar{x}_g)^2 f(x)\,\mathrm{d}x \tag{2-13}$$

对数正态分布的性质是 $xf(x)\mathrm{d}(\ln x)$ 是 $\ln x$ 在 $\ln x\sim\ln x+\mathrm{d}(\ln x)$ 范围的颗粒分数。因此，当绘制 $xf(x)$ 与 $\ln x$ 的关系图时，能够获得熟悉的钟形高斯曲线，如图2-4所示。然而，当绘制 $f(x)$ 与 x 的关系图时，有明显的倾斜，尤其当对数标准差非常高的时候（事实上，图2-1显示的分布就是对数正态分布）。

对数正态形式似乎能很好地应用于一些实际颗粒的粒度分布。当绘制对数概率分布图时，累积对数正态分布是一条直线，如图2-5所示，从图2-5可以得到一些有用的信息。例如，粒度中值（即几何平均尺寸）可以从50%的值上读出。粒度的标准偏差也可以通过读取对应于84%和16%的值来获得，表示大于和小于中值的对数标准偏差，因此有：

$$2\ln\sigma_g=\ln x_{84}-\ln x_{16} \tag{2-14}$$

对数正态分布的一个有用特征是，如果基于某个量（例如，数量浓度）的样本是这种形式，那么基于其他量（例如，质量或体积）的分布也将具有相同

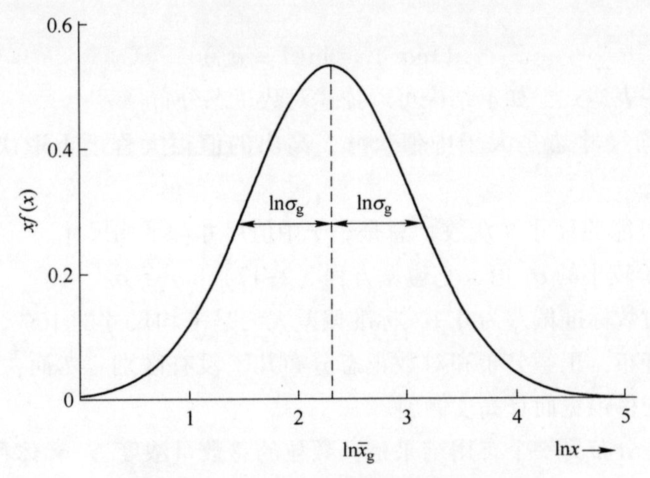

图 2-4 $xf(x)$ 与 $\ln x$ 对数正态分布关系

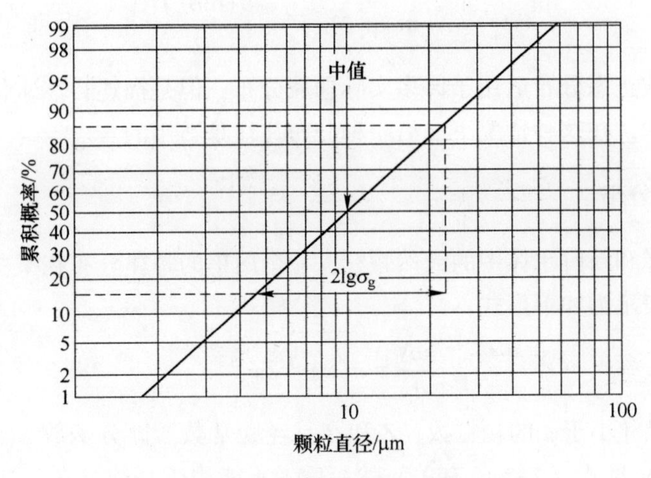

图 2-5 累积对数正态分布

（当对数概率格式有 lg 坐标轴时，由此得到的值是 $2\lg\sigma_g$）

的形式。它们在对数概率图上将是相互平行的直线。

简单的对数正态分布关系式可能比较有用。比如，平均值 $\bar{x}$ 、众数 x_{max} 与几何平均值 x_g 和 $\ln\sigma_g$ 有如下的关系：

$$\ln \bar{x} = \ln \overline{x_g} + \frac{(\ln\sigma_g)^2}{2} \tag{2-15}$$

$$\ln x_{max} = \ln \overline{x_g} - (\ln\sigma_g)^2 \tag{2-16}$$

（中值粒径也被定义为与 $\overline{x_g}$ 相等。）

而且，如果分布的相对标准偏差定义为 $\sigma_r = \sigma\sqrt{x}$ ，那么对数标准偏差定义如下：

$$(\ln\sigma_g)^2 = \ln(1 + \sigma_r^2) \tag{2-17}$$

关于这些表达式，如下结论可以描述对数正态分布：

（1）平均尺寸总是大于中值尺寸，高出的值很大程度上取决于对数标准偏差。

（2）最可能的尺寸（众数）总是小于中值尺寸和平均尺寸。

（3）对于较小的 σ_r 值，它遵循方程（2-17）$\ln\sigma_g \approx \sigma_r$。

因此，对数标准偏差为 0.1，标准偏差大约是平均尺寸的 10%。事实上，对于非常窄的分布，正态分布和对数正态分布几乎没有区别。然而，如果 σ_r 值较大，分布将变得很宽而且高度倾斜。

对数正态分布另一个有用结果是，颗粒的总数量浓度 N_T 和体积分数 ϕ（单位体积悬浮液中颗粒物的体积）有如下关系：

$$\phi = \frac{4}{3}N_T\pi\exp\left(3\ln\overline{x_g} + \frac{9(\ln\sigma_g)^2}{2}\right) \tag{2-18}$$

尽管对数正态分布适用于许多实际颗粒分布，但是描述自然水体中的离散颗粒是有局限的。在这种情况下，另一种分布往往是适用的。

2.2.3　幂律分布

对于海洋和新鲜水体中的天然颗粒，一个简单的幂律分布在某些尺寸范围内非常适用，表示为如下形式：

$$\frac{dN}{dx} = n(x) = Zx^{-\beta} \tag{2-19}$$

式中，N 是尺寸小于 x 的颗粒数；Z 和 β 是经验常数。微分函数 $n(x)$ 与频率分布函数 $f(x)$（见式（2-5））有关，然而后者不能用于幂律分布。如果方程（2-19）处于整个 x 值范围（零到无穷），那么它可以预测整个颗粒群的无限值，因此具有确定尺寸范围的颗粒含量的概念是不适用的。幂律分布仅仅能用于有限的粒径范围。

方程（2-19）中常量 Z 的值与颗粒总量有关，β 表明分布的宽度。天然水域的经典 β 值在 3~5 之间，大多数在 4 左右。自然水体中颗粒分布的示例如图 2-6 所示。它们在双对数坐标系中给出，β 可以从斜率直接读出。由图 2-6 可知，随着颗粒尺寸的减小，$n(x)$ 持续增加，并且没有峰值。这就是当颗粒尺寸趋于零时总颗粒数趋于无穷大的原因。事实上，所有报道的颗粒粒度分布均是基于粒度的测量技术（见第 2.5 节），这些测量技术均限于一定的尺寸范围。如果超出了测量下限，颗粒是检测不到的。在不能检测的尺寸范围内，$n(x)$ 线可能存在峰值。然而，应该知道（见图 1-2），在几纳米及更小的粒度范围内，是溶解大分子及更小的分子和离子。因此，如果忽略所有可溶性颗粒和微粒，那么在$n(x)$图 2-6 上是不会存在峰值的。

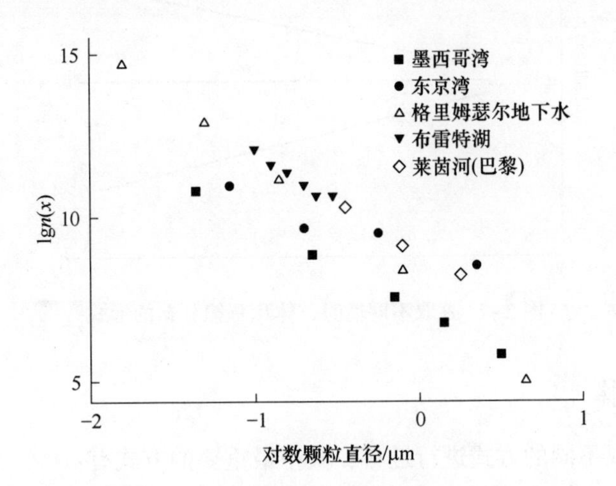

图 2-6　几种自然水体中颗粒的粒度分布

（数据来源于 Filella M. 、Buffle J. Colloids、Surfaces，A 73：255-273，1993.）

如果幂律分布与颗粒质量（或体积）关联，那么幂律分布是另一种不同的表示形式，并取决于指数 β。将幂律分布表示为尺寸的对数形式会更方便，如下：

$$\frac{\mathrm{d}N}{\mathrm{d}(\lg x)} = Zxn(x) = Zx^{(1-\beta)} \tag{2-20}$$

如果用体积 V 表示颗粒的浓度，相应的表达式如下：

$$\frac{\mathrm{d}V}{\mathrm{d}(\lg x)} = Yx^{(4-\beta)} \tag{2-21}$$

式中，Y 是常数。

当 $\beta=4$ 时（自然水域的特征值），从等式（2-21）中可以看出，在给定的对数大小间隔内，颗粒物的体积并不取决于颗粒的尺寸。因此，1～10μm（细菌、藻类等）的颗粒的体积与 1～10m（鲨鱼、海豚、鲸等）的物体是一样的。尽管很难定量地确定这些预测，但是这也说明了数量分布与体积分布有很大的区别。当 β 取其他值时，体积分布各不相同，如图 2-7 所示。当 $\beta<4$ 时，在一定的尺寸范围内，颗粒体积随尺寸的增大而增大，反之亦然。

幂律分布的简单性在于，它可以表示水环境、水和污水处理厂里的颗粒特征。

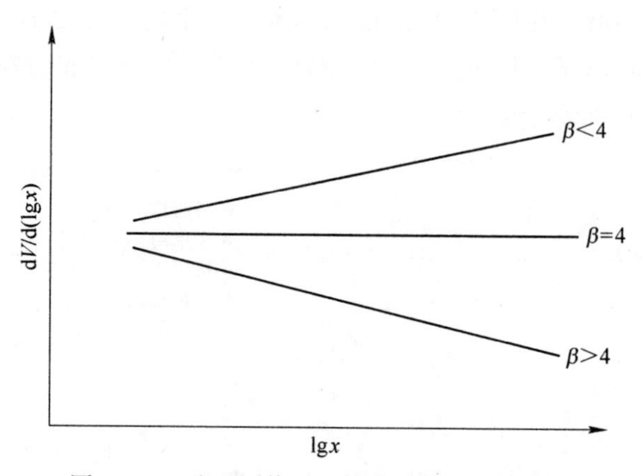

图 2-7 β 取不同值时，体积幂律分布的形式

2.3 颗粒迁移

颗粒能够以不同的方式进行迁移，其中最重要的方式有：

（1）对流；（2）扩散；（3）沉降。

对流就是简单的颗粒移动，是流体流动的结果。而扩散和沉降是使颗粒离开流体的方式。这些形式的移动都存在流体阻力。

2.3.1 流体阻力

无论颗粒在流体中怎么移动，阻力 F_D 都是一个经验值。用两个术语进行表示非常方便：力和无量纲阻力系数 C_D。力是动态压强（$\rho_L U^2/2$）与颗粒有效面积 S 的乘积。见式（2-22）：

$$F_D = \frac{1}{2}\rho_L S U^2 C_D \tag{2-22}$$

阻力系数是雷诺数 Re 的函数，Re 表达式如下：

$$Re = \frac{\rho_L l U}{\mu} \tag{2-23}$$

式中，ρ_L 是流体密度；U 是流体体积；μ 是流体黏度；l 是特征长度（例如，球形颗粒直径）。

阻力也可以表示成如下形式：

$$F_D = \frac{1}{2}\rho_L S U^2 f(Re) \tag{2-24}$$

要慎重选择有效面积 S，因为阻力系数很大程度上取决于有效面积，特别是对高度不对称的颗粒，比如纤维。最简单的、最合适定义有效面积的方法是，颗粒在垂直于流动向的平面上的投影面积。对于一个直径为 d 的球体，$S = \pi d^2/4$。

雷诺数对阻力系数的决定性是至关重要的。当 Re 比较小时，黏滞效应大于惯性效应，流体流动是有序的层流。随着 Re 的增大（例如，增大流体流速或颗粒尺寸），惯性力变得更为重要，将导致涡流，甚至是湍流。

对于较小的雷诺数（$Re<0.1$），就是所谓的“蠕动流”，在实际应用中，球形颗粒的阻力系数有一个简单的表达形式，该表达形式由斯托克斯首先提出，其表达式为：

$$C_{\mathrm{D}} = \frac{24}{Re} \tag{2-25}$$

式（2-25）可以很好地适用于自然水体中的大多数颗粒，但是斯托克斯表达式不适用于雷诺数太大的情形，若雷诺数过大，阻力系数必须以不同的方式表示。在流体流动为非蠕动流时，还没有基础理论来表示阻力系数。必须通过实验的方法来确定阻力系数和经验方程。对于球形颗粒，Re 值介于 1~100 之间时，式（2-26）给出了阻力系数的近似表达式：

$$C_{\mathrm{D}} = \frac{24}{Re} + \frac{6}{1 + Re^{\frac{1}{2}}} + 0.4 \tag{2-26}$$

由等式（2-26）可计算阻力系数，与等式（2-25）“蠕动流”的结果一并作图，如图 2-8 所示。从图中可以看出，在较高雷诺数时，简单形式的分离变得更加重要，而且阻力系数要高于慢速流动时推导出的阻力系数。当 Re 非常高时，阻力系数变得非常复杂，但与水中颗粒无关。

水中颗粒的阻力对扩散和沉降过程影响很大。

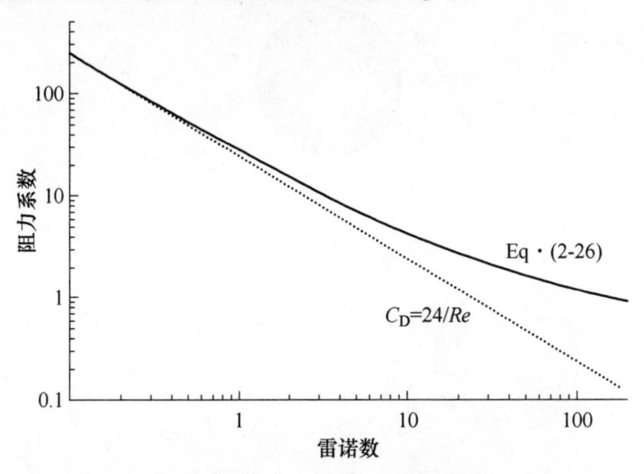

图 2-8 球体的阻力系数与雷诺数的关系

（实线表示的是式（2-26）的计算值，与真实的数据非常接近。

虚线是斯托克斯公式计算“蠕动流”的结果）

2.3.2 扩散

当颗粒大小为几微米或更小时，它们可以在显微镜下观察到，它们会做永恒的无规则运动。1827 年，英国植物学家罗伯特 · 布朗首先发现了颗粒的这种无规则运动，这就是所谓的布朗运动。然而人们对布朗观察到花粉粒的运动有一个普遍误解，这些花粉粒（通常约 20μm）太大以至于不能显示出显著的布朗运动。这使人们怀疑布朗是否真的观察到了真正的布朗运动。然而，从布朗的叙述中可以清楚地看到，实际观察到的是花粉中的微小颗粒，这些颗粒小到足以显示出这种效果。

多年来布朗运动的起源一直是个谜，直到 19 世纪末，人们意识到悬浮在液体中的颗粒的随机运动是由分子热运动直接造成的。事实上，爱因斯坦和斯莫卢霍夫斯基对这个问题进行了理论解释，并且理论结果与实验观察结果一致，首次明确地为原子和分子的长期推测提供了证据。

水分子的动能表现为它们做连续的混乱运动，水中的悬浮颗粒连续不断地与水分子相互碰撞，水分子将动能赋予颗粒并导致布朗运动现象。一般来说，一个颗粒可能与任何方向的水分子进行碰撞，但是，在很短的时间内，碰撞分子多的一边会使颗粒“冲向”碰撞分子少的一边。在下一时刻，颗粒可能会向另一个方向碰撞，依此类推。这些碰撞的综合效应会使颗粒做一系列随机方向上移动，称为随机漫步，有时也称为“醉汉走路”。典型二维的随机游走如图 2-9 所示。

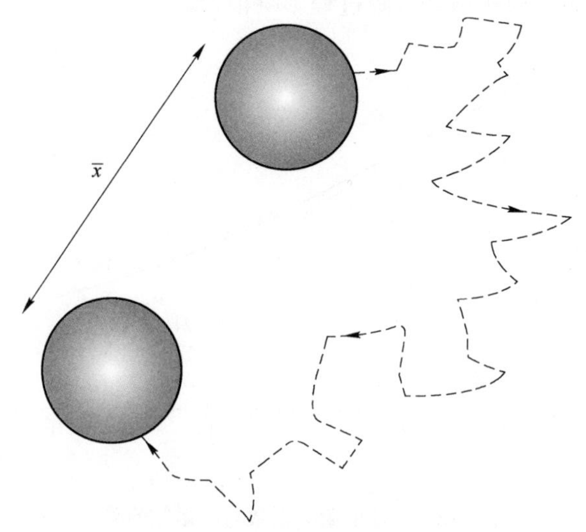

图 2-9 典型的粒子二维随机游走

（在给定的时间，移动的距离 $\bar{x}$ 代表始末位置）

布朗运动的本质是在给定的时间内一个颗粒移动的平均距离。在时间 t 内，均值位移表达式如下：

$$\bar{x} = \sqrt{2Dt} \tag{2-27}$$

式中，D 是颗粒的扩散系数。

直径为 d 的球形颗粒扩散系数可根据斯托克斯方程计算，其表达式为：

$$D = \frac{k_B T}{3\pi d\mu} \tag{2-28}$$

式中，k_B 是玻耳兹曼常量；T 是绝对温度。

上述式（2-28）的分子与颗粒的热能有关，促进扩散，而分母表示分子扩散的阻力，这往往会阻碍扩散。很明显，对于较大的颗粒和更为黏稠的流体，扩散系数更小。

例如，在 20℃水中，直径小于 1μm 的颗粒的扩散系数为 4.25×10m/s。依据等式（2-27）可以得出，该颗粒在 1min 内的运动距离只有 7μm。扩散的性质是这样的，颗粒移动的距离与时间的平方根成正比。因此，即使在 1h 后，一个颗粒也只能从起始位置移动到约 55μm 处。尽管如此，扩散对于较小的胶体颗粒具有重要的影响，并且对颗粒的聚集起着重要的作用（见第 5 章）。

2.3.3 沉降

重力对颗粒在水中的移动也会产生影响。同样，根据方程（2-24），这种运动受到流体阻力的阻碍，取决于颗粒速度。最初静止的颗粒会加速，直到重力与阻力完全平衡。然后，颗粒以恒定的速度移动，称为最大速度。在很多情况下，颗粒会很快达到最大速度，因此不需要关心过渡期。

重力的大小取决于颗粒的体积以及颗粒与流体之间的密度差异。对于球体，重力的计算公式如下：

$$F_g = \frac{\pi d^3}{6}(\rho_S - \rho_L) g \tag{2-29}$$

式中，ρ_S 表示颗粒密度；ρ_L 表示流体密度。

如果颗粒的密度小于流体的密度，由式（2-29）得到的力是负的，这就意味着颗粒将向上移动或者漂浮在流体上。

对于蠕动流体，可以用方程（2-25）来计算出阻力系数，然后由引力和阻力可以求出最大沉降速度：

$$U = \frac{gd^2}{18\mu}(\rho_S - \rho_L) \tag{2-30}$$

这就是著名的斯托克斯定律，在实际生活中应用十分广泛。然而，这个公式是在假设雷诺数非常小的情况下成立的，因此只适用于沉降速度很小的流体（即相当小的颗粒)。对于雷诺数较大的流体，斯托克斯公式是不准确的，因此，确定公式的适用范围是非常重要的。

应用 C_D 的经验公式 (2–26)，并假设颗粒的密度一定，可以绘制出颗粒在水中的沉降速度与颗粒直径的关系图，如图 2 – 10 所示。选定颗粒密度为 2.5g/cm^3 和 1.1g/cm^3，由斯托克斯公式 (2–30) 可以计算出相应的结果，并假设水的黏度是在 20℃ 下测定的。因为结果显示为双对数坐标图，斯托克斯公式计算的结果是一条斜率为 2 的直线（沉降速度取决于颗粒直径的平方)。很明显，对于超过一定尺寸的颗粒（高密度颗粒和低密度的颗粒分别为 100μm 和 200μm 左右)，会出现明显偏离斯托克斯定律的情况。相应的沉降速度大约为 7mm/s 和 2mm/s。因此，假定颗粒在水中的沉降速度超过几毫米/秒时，斯托克斯定律是不适用的。事实上，斯托克斯定律的结果极大地高估了较大颗粒的实际沉降速度。对于超过 1000μm(1mm) 的颗粒，结果会大于 10。然而，对于水中小于 50μm 的颗粒，斯托克斯定律是适用的。

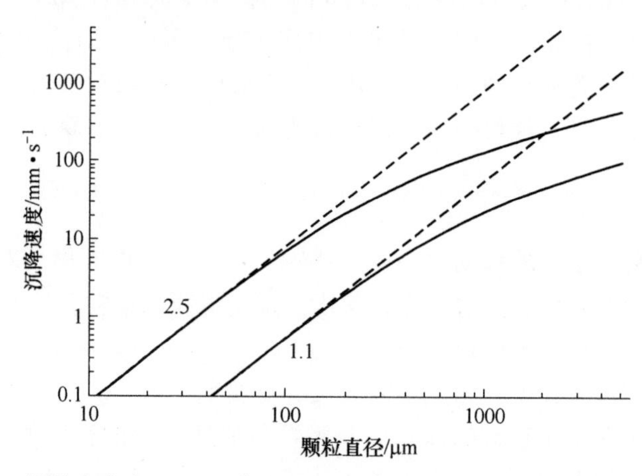

图 2–10 颗粒密度为 1.1g/cm^3 和 2.5g/cm^3 时，颗粒直径与沉降速度关系图
（实线：由阻力系数式 (2–26) 计算；虚线：由式 (2–30) 斯托克斯定律计算）

本章前面所讨论的均是针对孤立的颗粒，只适用于相当稀的分散体系。在较高的浓度下，颗粒的运动会受相邻颗粒流体动力学的影响。这种效应导致受阻沉降现象，这种沉降低于孤立颗粒的沉降。此外，在受阻沉降条件下，不论颗粒的大小，同一密度下所有的悬浮颗粒将具有相同的沉降速度。这就是所谓的区域沉降，使沉降颗粒和上清液之间产生明显的视觉边界。受阻沉降在实践中可能很重要，但在此不再赘述。

2.3.4 颗粒尺寸效应

颗粒通过扩散和沉降进行迁移，比较两者的相对重要性是非常有用的。这些机制对于颗粒的依赖性有很大的不同。利用扩散公式（2-27）与斯托克斯-爱因斯坦扩散系数和斯托克斯定律，可以计算出颗粒通过一定距离（例如 1mm）所需的时间。然而，如果选择的距离是任意的，会得到误导性的结果（因为扩散距离和时间变化的平方根成正比）。另一种计算方法是计算颗粒通过的一个特征距离，这个特征距离与其直径相关（例如，10μm 的颗粒是 10μm）。这是图 2-11 中显示结果的依据，与图 2-10 一样，假设颗粒均为球形，密度分别为 2.5g/cm^3 和 1.1g/cm^3，水的温度为 20℃。

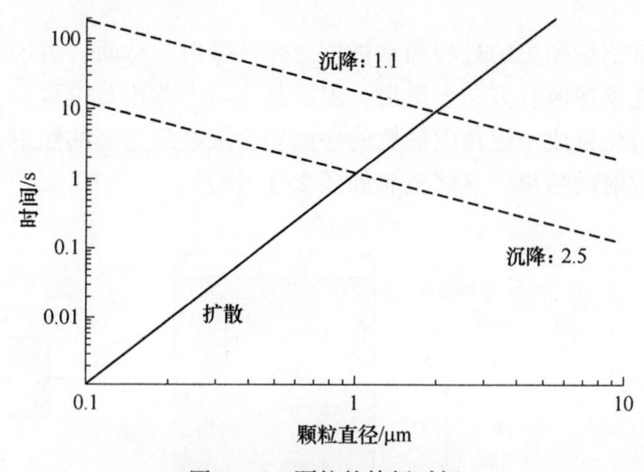

图 2-11 颗粒的特征时间

（通过扩散和沉淀移动一定的距离也等于自己的直径所需要的时间。在后一种情况下，密度都是和图 2-10 的相同）

图 2-11 表明，当颗粒较小时，扩散所需要的特征时间少于沉降所需的特征时间。对于小于 0.1μm 的颗粒，沉降 0.1μm 所需要的时间是扩散 0.1μm 的 1000 倍。然而，对于小于 10μm 的颗粒，扩散特征时间是沉降特征时间的几百倍。在图 2-11 中，有交叉点，这个点取决于颗粒的密度，但是通常是在 1μm 左右的地方。这也是为什么通常胶体尺寸范围的上限都是 1μm 的原因。较小的颗粒往往保持悬浮状态，因为相对于沉降，扩散对其影响更大。较大的颗粒往往会随着时间的推移趋于沉降。

2.4 光散射和浊度

2.4.1 概述

当光束照射颗粒悬浮液时，由于光的散射和吸收，透射光束的强度降低。

吸收是特定波长的辐射与原子和分子相互作用可以提高其能级，结果使光束能量的损失，最终作为热量消散。当可见光被吸收时，其效果作为一种特征颜色会变得明显。虽然在某些情况下，水中颗粒的吸收可能很重要，但我们一般不考虑这种影响。光散射通常更重要，如果考虑光的吸收，散射的讨论就会变得更加复杂。

当水中存在颗粒时，会引起光散射，并且不涉及光能量的损失。电磁辐射会引起颗粒内电子的位移和偶极子的波动，并以入射频率向所有方向辐射能量。观察到的散射行为是辐射光和入射光干涉的结果。感应偶极子的强度取决于材料的极化率，因此也取决于折射率。光散射的唯一条件是颗粒的折射率不同于水的折射率。只要折射率存在差异，对于入射光，完全透明（即没有吸收）的颗粒是有效的散射体。

入射光没有能量损失的过程通常被称为弹性散射。然而，透射光强度会有一些损失。因为光束在所有方向上散射，因此到达与光源相对位置的检测器的光束较少。同样，与光束成一定角度放置的检测器会接收到更多的照射，这是由于光在那个方向上散射的结果。这些概念如图 2-12 所示。

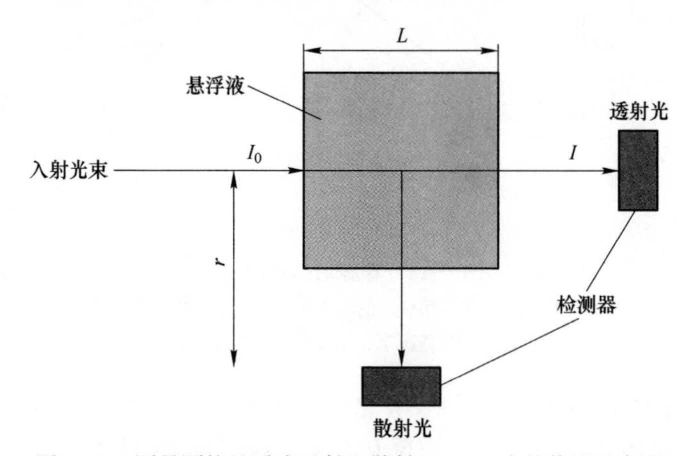

图 2-12 测量颗粒悬浮液透射和散射（90°）光的装置示意图

图 2-12 显示了测量悬浮液浊度的两种实用方法。浊度是光散射的直接结果，可以通过透射光强度的降低或相对于光束的选定角度（通常为 90°）处散射光强度的增加来测量。浊度是水中颗粒最常见的可见证据。即使在低浓度下，颗粒也会给水带来明显的浑浊。

光散射取决于以下粒子特性：

（1）颗粒相对于光波长的尺寸。

（2）颗粒的形状。

（3）颗粒相对于悬浮介质的折射率。

颗粒光散射的完整数学表达式是复杂的，将不在这里讨论，只把重点放在一些简单的情形和球形颗粒上（不考虑形状效应）。首先介绍散射截面和比浊度的概念。

2.4.2 浊度和透射

在图 2-12 中，入射光强度为 I_0，穿过悬浮液的透射光强度是 I。根据 Beer-Lambert 定律，透射光的强度与颗粒浓度和光路长度 L 呈指数关系。假设所有颗粒具有相同的尺寸，尽管 Beer-Lambert 定律不依赖于这一假设。如果颗粒数浓度为 N，这个定律可写成如下形式：

$$I = I_0 \exp(-NCL) \tag{2-31}$$

式中，C 是一个颗粒的光散射截面。

从式（2-31）可清楚地知道，入射强度 I_0 其实是透过干净的无颗粒流体的光强度（$N=0$）。因此，通过流体或光学元件的任何光散射或吸收也应该考虑。

散射截面 C 具有面积单位，是一个非常重要的物理量。本质上，每个颗粒散射一定量的光能，与入射光散射截面 C 的能量是对应的。考虑一下薄层或悬浮液“切片”，其厚度为 δL，并由强度为 I 的光束照射，如图 2-13 所示。因为总光束面积是 A，所以光束照射层的体积仅仅是 $A\delta L$，并且该体积中的颗粒数量是 $NA\delta L$。如果每个颗粒有效地“阻挡”了区域 C，那么散射光束的面积百分数是 $NCA\delta L/A = NC\delta L$。这实际上是通过散射从光束中去除的光的百分数。因此，当光通过薄层时，强度的变化为 $\delta I = -INC\delta L$，微分形式为：

$$\frac{\mathrm{d}I}{I} = -NC\mathrm{d}L \tag{2-32}$$

当 $L=0$ 时，$I=I_0$，式（2-32）积分得到式（2-33）：

$$\ln\left(\frac{I}{I_0}\right) = -NCL \tag{2-33}$$

这仅仅是 Beer-Lambert 定律方程（2-31）的另一种形式。其基本假设是，每一层除去的入射光相同。

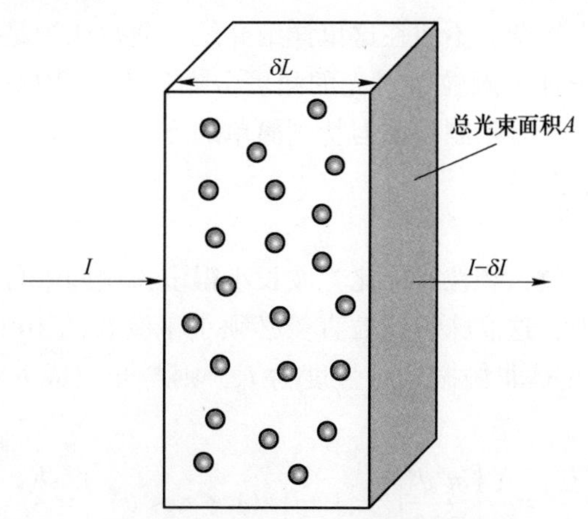

图 2-13 光通过一层薄薄的悬浮液

Beer-Lambert 定律也可以用浊度 τ 来表示，其定义如下：

$$\tau = NC \tag{2-34}$$

这仅适用于所有颗粒具有相同散射截面的情况。对于具有不同颗粒的悬浮液，相应的表达式如下：

$$\tau = \sum N_i C_i \tag{2-35}$$

式中，N_i 是具有散射截面 C_i 的颗粒的数量浓度，总和包括了所有类型的颗粒。

这些表达式仅适用于透射测量的浊度。散射光的测量没有等效的浊度定义，必须进行校准。

假设颗粒的散射截面取决于其几何截面面积是合理的。散射系数 Q 仅仅是这些面积的比率。因此，对于直径为 d 的球体，散射截面由式（2-36）给出：

$$C = \frac{Q\pi d^2}{4} \tag{2-36}$$

当 Q 从接近 0 变化到远大于 1 的值，这样颗粒散射的光会比入射到其上的光少得多或多得多。

直径为 d 的球形颗粒，每个颗粒的体积为 $\pi d^3/6$，因此，单位体积的颗粒的总体积（体积分数，ϕ）为：

$$\phi = \frac{N\pi d^3}{6} \tag{2-37}$$

将式（2-37）与方程（2-34）和方程（2-36）相结合，得到以下结果：

$$\frac{\tau}{\phi} = \frac{3Q}{2d} \tag{2-38}$$

τ/ϕ 是通过颗粒体积浓度归一化的浊度，称为比浊度，从式（2-38）可以清楚地看出，这与颗粒尺寸成反比。然而，它也与散射系数 Q 成比例，现在必须考虑这个量如何随粒径变化。

光散射理论非常复杂，不便在这里详细介绍。通常认为是古斯塔夫 · 米氏的完整理论给出了关于球形颗粒散射光的角度分布以及总散射（和散射系数）的信息。瑞雷提出了一个有限制条件但特别简单的方法，这将在下一节介绍。

2.4.3 瑞利散射理论

为了使瑞利法有效，颗粒必须比光波长小得多，这样来自一个颗粒的所有辐射都将同相。实际上，这意味着颗粒直径必须小于波长的 10%（即可见光远低于 100nm）。如果入射光是非偏振光且强度为 I_0，则与光束成 θ 角的散射强度由式（2-39）给出：

$$\frac{I_0}{I} = \frac{1}{r^2}\left[\frac{\pi^4 d^6}{2\lambda^4}\left(\frac{m^2 - 1}{m^2 + 2}\right)^2 (1 + \cos^2\theta)\right] = \frac{R_\theta}{r^2} \tag{2-39}$$

式中，d 是（球形）颗粒的直径；m 是相对折射率（即颗粒相对于介质的折射率）；r 是检测器离样品的距离（见图 2-12）。散射光强度与平方成反比，因此依赖 $1/r^2$。方括号中的术语称为瑞利比 R_θ。

一般来说，散射光在某种程度上是偏振的。在瑞利方程（$1+\cos^2\theta$）项中，1 代表散射光的垂直偏振分量，而 $\cos^2\theta$ 表示水平分量（术语“垂直”和“水平”是相对于由入射光束和探测器定义的平面）。因此，垂直偏振的光在所有散射角具有相等的强度，而水平分量的强度取决于散射角，在 0°和 180°时最大，在 90°时为零。图 2-14 说明了这一点，图中显示了散射光的角强度分布。非常小的颗粒的散射图是对称的，因为在前后方向上散射的光是等量的。

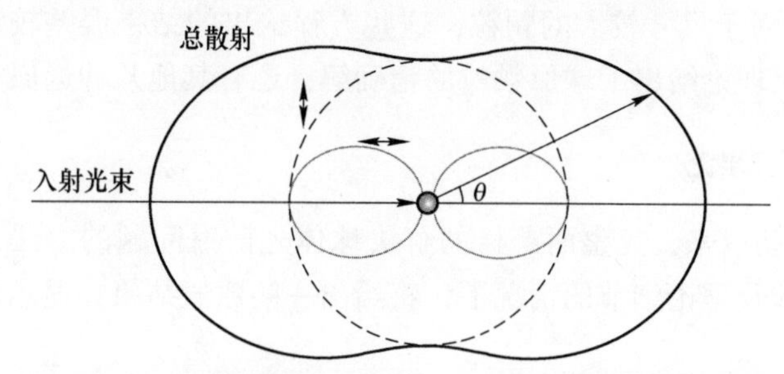

图 2-14 根据瑞利近似方程（2-39）计算的散射光角分布
（显示了总散射（实线）和垂直和水平方向偏振的分量（散点和虚线））

还可以通过对所有方向上的角度分布来计算颗粒的散射光总量。这可用于计算散射系数，由式（2-40）给出：

$$Q = \frac{8}{3}\alpha^4\left(\frac{m^2 - 1}{m^2 + 2}\right)^2 \tag{2-40}$$

式中，α 是无量纲尺寸参数，由式（2-41）给出：

$$\alpha = \frac{\pi d}{\lambda} \tag{2-41}$$

对于瑞利理论的应用，α 不能超过 0.3。因此，对于水中颗粒相对折射率的典型值（m 高达约 1.4），式（2-40）计算出的 Q 值非常低，约低于 10^{-3}。这意味着瑞利理论仅适用于入射光束有效散射低于 1/1000 的颗粒。

利用瑞利散射系数的表达式，可以从方程（2-38）计算出单分散悬浮液的比浊度：

$$\frac{\tau}{\phi} = \frac{4\pi^4\alpha^3}{\lambda}\left(\frac{m^2 - 1}{m^2 + 2}\right)^2 \tag{2-42}$$

瑞利结果有几个重要特点：

（1）给定角度的散射强度取决于粒度的六次方，这意味着对于较小的颗粒，散射变得非常弱。对于固定的体积浓度，浊度取决于粒度的立方。这些结果对光学方法检测非常小的颗粒尺寸具有重要的影响。极小颗粒的悬浮液，如胶体二氧化硅，即使在高固体浓度下，也可以具有低浊度。

(2) 对于给定质量（总体积）的颗粒，颗粒尺寸的增加（例如通过聚集）会导致散射光显著增加，尽管颗粒浓度会降低。式（2-42）显示，特定浊度随粒度的立方增加。对于胶体颗粒来说，聚集通过浊度的增加而变得明显。

(3) 散射与光波长的四次方成反比，因此对于较短的波长，散射会变得更强。对于入射白光，大多数是光谱的蓝端散射。这解释了天空的蓝色、落日的红色以及类似现象。

如前所述，基于瑞利理论的表达式仅适用于尺寸较小的颗粒（对于可见光，小于 0.1μm）。对于尺寸较大的颗粒，这些方程给出的结果误差较大，必须使用其他方法。米氏理论给出了球形颗粒的精确解，还有其他几种近似方法。

2.4.4 米氏散射理论

自 20 世纪初以来，完整而严格的解决球体光散射问题的方法，通常称为米氏理论。在不涉及理论细节的情况下，将给出一些数值结果，显示较大颗粒光散射的基本特征。

一个重要的方面是随着颗粒越来越大，散射光的角分布变得高度不对称，大部分光向前散射。这在图 2-15 中得以说明，颗粒直径范围为 0.1~100μm（大约在瑞利理论的适用范围内）。这些计算假设波长为 650nm、相对折射率 m 为 1.20。结果绘制为相对散射强度与散射角的关系，为了简单起见，仅显示了总散射强度。然而，与所有散射光一样，水平和垂直偏振分量之间存在显著差异，尤其在大约为 90°的角度。

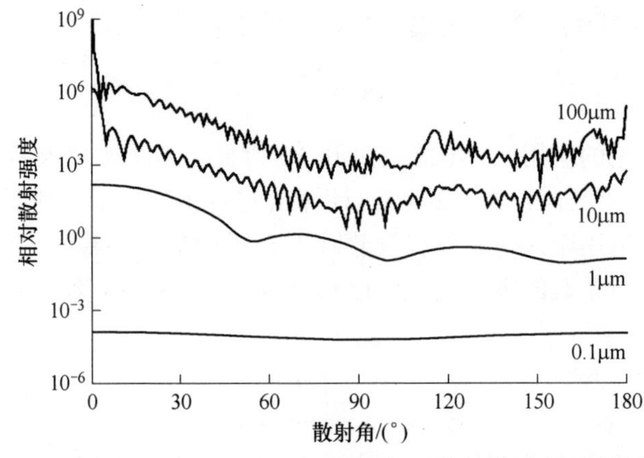

图 2-15 不同粒径（曲线上显示的是直径）的散射光强度随散射角的变化

（假设颗粒相对折射率 m=1.20，光波长为 650nm。计算是基于总散射光（非偏振）的米氏理论）

从图 2-15 可以看出，散射光强度在 0.1～100μm 的尺寸范围内变化了好几个数量级（注意对数刻度）。在这个范围的低端，正如瑞利理论（见图 2-14）所预期的，强度仅取决于散射角。对于较大的颗粒，散射图非常复杂，低角度的强度比高角度的强度大得多。

还可以计算入射光在给定角度上总散射能的分数。对于与图 2-15 中相同的条件，这种计算的结果绘制在图 2-16 中。图 2-16 显示，对于较大的颗粒，超过一半的散射能量只存在于几度的前角内（对于 100μm 的颗粒大约只有 2°）。这对于透射光的实际测量有重要影响，因为大量散射光可能到达检测器，给出低于实际值的表观浊度。

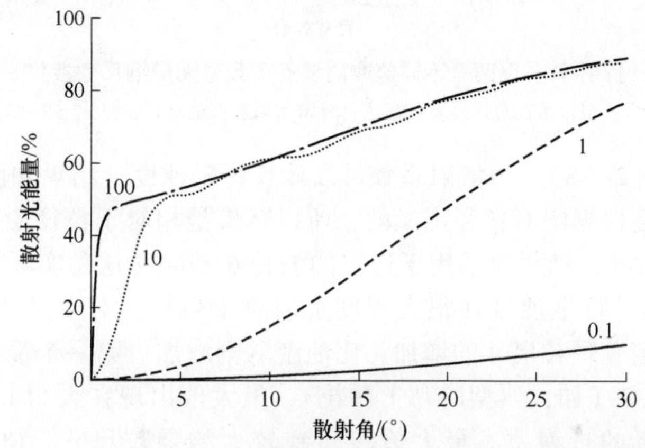

图 2-16 总散射光能量与散射角的关系（与图 2-15 的条件相同）

散射系数 Q（见第 2.4.2 节）也可以根据任意尺寸球形颗粒的米氏理论计算。因为 Q 也取决于光波长，所以根据无量纲参数 α，利用式（2-41）可以方便地得到结果，包括尺寸和波长。另一个重要参数是相对折射率 m。图 2-17 显示了两个 m 值时，散射系数随 α 值的变化（也包括来自异常衍射近似的 Q 值，见第 2.4.5 节）。对于 $m=1.20$ 的情况，Q 值以规则的间隔在一系列递减中出现最大值。当 α 值大于所示范围时，散射系数近似恒定 $Q=2$。对于较低的折射率，α 值在更大范围内，也有类似的行为。

对于大颗粒，Q 接近极限值 2 的事实值得讨论。这意味着一个大颗粒从光束中移除的光量是入射到它上面的光量的两倍，这通常被称为灭绝悖论。对于大颗粒，基本上所有的入射光能都被散射或吸收，即 $Q=1$。然而，另一种效应称为衍射，给出一种特征角度图。衍射是经典光学中众所周知的效应，对于球体，衍射图案与直径相同的圆盘（或孔）完全相同。衍射光的总量也等于入射光，因此总散射效率为 $Q=2$。请注意，完整的米氏理论隐含衍射，尽管对于大颗粒来说，小角度散射可以被认为完全是衍射造成的，这构成了确定颗粒尺寸方法的理论基础（见第 2.5.4 节）。

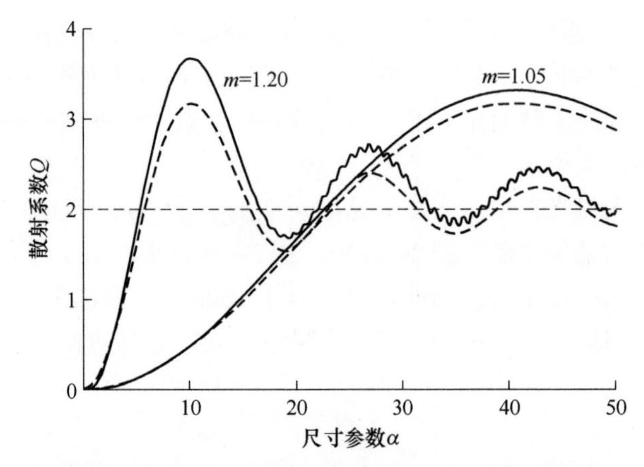

图 2-17 折射率 m 取两个不同值时的散射系数是无量纲尺寸参数 α 的函数
（实线：根据米氏理论计算；虚线：异常衍射近似的结果，见式（2-43））

根据等式（2-38），由散射系数可以计算特定浊度，结果如图 2-18 所示。因为特定浊度是根据绝对粒径定义的，所以结果是相对于粒径绘制的，而不是尺寸参数 α。因此，结果仅适用于选定的波长 650nm（这是实际浊度测量的典型情况）。显然，特定浊度在很大程度上取决于粒径。对于尺寸较小的颗粒，比浊度较低，随着颗粒尺寸的增加，比浊度急剧增加。第一个极值取决于折射率。对于 $m=1.2$（如，典型的黏土颗粒），最大值出现在大约 1.4m 的颗粒直径处。对于较低的折射率，最大值转移到较大的颗粒尺寸。值得注意的是，$m=1.2$的最大浊度大约是低折射率的四倍。在第一次极值之后，比浊度普遍降低。

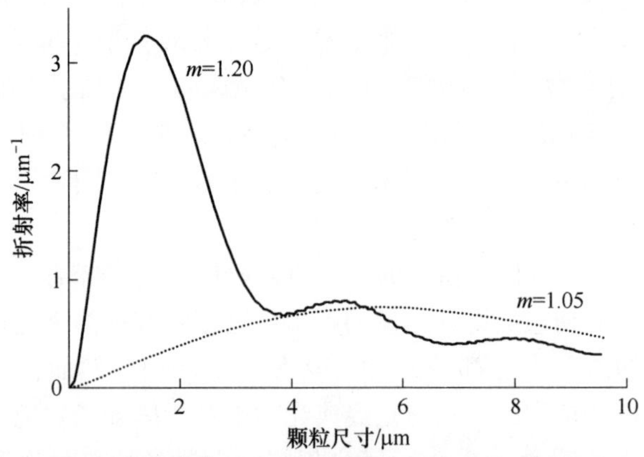

图 2-18 两个折射率值时特定浊度随粒径的变化（波长 = 650nm）

一种常见且实用的浊度测定方法是通过与入射光束成一定角度的光散射，通常为 90°（浊度测量）。90°处的散射强度随着粒径的增大呈上升趋势。然而，对于悬浮液来说，考虑单位体积颗粒的散射强度更有用（类似于特定浊度）。基于米氏理论，对于650nm的波长，计算结果如图2-19所示。两图大致相似，但是对于较低的折射率 $m=1.05$，结果比 $m=1.20$ 至少低10倍。与图2-18中的特定浊度一样，随着颗粒尺寸的增加，浊度急剧增加，随后达到最大值。在90°散射的情况下，第一个最大值是尖锐的，出现在直径约0.3μm处，远低于特定浊度。紧随其后的是其他最大值和最小值，但总体趋势是向下的。

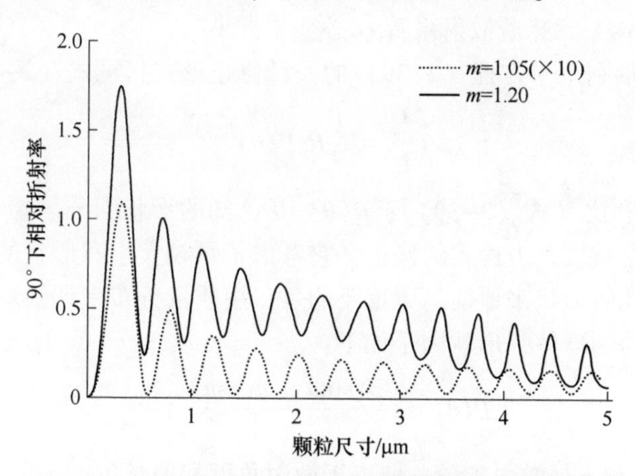

图2-19 波长为650nm时，两种折射率下单位体积颗粒的相对散射光强度随颗粒直径的变化

（$m=1.05$ 的值是乘以因子10，以获得更好的显示效果）

图2-18和图2-19的结果表明，传统的浊度测量，无论是透射还是90°散射，都高度依赖于颗粒尺寸，对大颗粒变得不太敏感。这对监测水中的微粒有重要的意义。浊度测量不适于对尺寸大于几微米的颗粒进行灵敏检测。

2.4.5 异常衍射

对于粒径明显大于光波长并具有相当低折射率的颗粒，可以假设光线通过球体时偏差较小。经过简化处理，得到异常衍射近似。这种方法得到的最有用的结果是一个简便的近似散射系数。

$$Q = 2 - \left(\frac{4}{\rho}\right)\sin\rho + \left(\frac{4}{\rho^2}\right)(1 - \cos\rho) \tag{2-43}$$

式中，$\rho=2\alpha(m-1)$。式（2-43）是精确米氏结果相当好的近似，前提是参数 ρ 不太小且 m 低。式（2-43）的结果绘制在图2-17中。对于 $m=1.20$，异常衍射结果比第一个最大值低了约14%，但是对于更大的尺寸，这个误差变得更小。对于 $m=1.05$，则第一个最大值的误差只有大约4%。然而，对于小颗粒（$\rho\ll1$，式（2-43）得到的 Q 值较高。

2.4.6 瑞利-甘斯-德拜散射

在某些情况下有用的表达式通常称为瑞利-甘斯-德拜（Rayleigh-Gans-Debye，RGD）近似。这种方法的物理基础是，假设颗粒（任意形状）由表现为独立瑞利散射体的元素组成，当参数 ρ（见前面）非常低时，这是适合的，这意味着小粒径和低折射率。虽然 RGD 结果可用于粒径过大而瑞利近似无法应用的颗粒，但条件 $\rho \ll 1$ 意味着散射系数 Q 必须非常小。

RGD 是对瑞利结果方程（2-39）的一种修正形式，见式（2-44）

$$\frac{I_\theta}{I_0} = \frac{1}{r^2} R_\theta P(\theta) \tag{2-44}$$

式中，R_θ 是瑞利比（式（2-39））；$P(\theta)$ 是已知的形状因子。

形状因子是对瑞利表达式的修正，它考虑了颗粒大小和形状的影响。这可以用许多简单的几何形状来评估，更重要的是，用质量分布来评估颗粒的聚集。对于直径为 d 的均匀球体，形状因子如下：

$$P(\theta) = \left[\frac{3(\sin u - u\cos u)}{u^3}\right]^2 \tag{2-45}$$

式中，$u = qd/2$ 和 q 是散射矢量，取决于散射角度和波长：

$$q = \frac{4\pi}{\lambda}\sin\frac{\theta}{2} \tag{2-46}$$

RGD 近似最重要的应用是颗粒聚集。这将在第 5 章进行讨论。

2.5 粒度测量

基于各种技术，测量颗粒尺寸的方法和商用仪器很多。但是没有适用于整个尺寸范围的“通用”方法，必须根据悬浮液的性质做出选择。本书将只对常见的方法进行非常广泛的考察，而不涉及技术细节。

在本章开头已经提出了重要的一点就是颗粒形状的问题，在确定颗粒尺寸时，用单一参数非常方便，如“等效直径”。虽然这并不是非球形颗粒真正的形状，但在大多数情况下不得不接受这种测量结果，因为所有测量均有这种限制。

2.5.1 直接法（显微镜法）

测定粒度的最古老也是最直接的方法之一是显微镜观察法。悬浮液样品可以在适当的放大倍数下观察，并且可以使用适当的比例或通过自动图像分析方法来确定单个颗粒的尺寸。

光学显微镜受可见光波长的限制，尺寸小于 1μm 左右的颗粒难以分辨。事实上，小于 5μm 的颗粒也不能得到精确的颗粒尺寸。观察这些颗粒可以使用暗场照明（超显微镜），颗粒被视为黑暗背景下的光点。这基本上是一种光散射方法，尽管精确的尺寸很难确定，但是可以分辨小颗粒。

从1990年左右到现在，近期发展的是激光共聚焦扫描显微镜，其中一小部分悬浮液被激光束照射。光束逐点逐层扫描样品，散射光由检测器检测。以这种方式，可以构建一个比常规光学显微镜分辨率高的三维图像。

由于有效波长很短，电子显微镜的分辨率远高于光学显微镜，并且可以精确地确定几纳米的粒径。样品制备更精细，可引入工件。

直接使用显微镜进行观察的一个主要优点是颗粒形状清晰可见。然而，报告等效直径仍然很常见，可以使用几种常规方法，如图2-20所示。

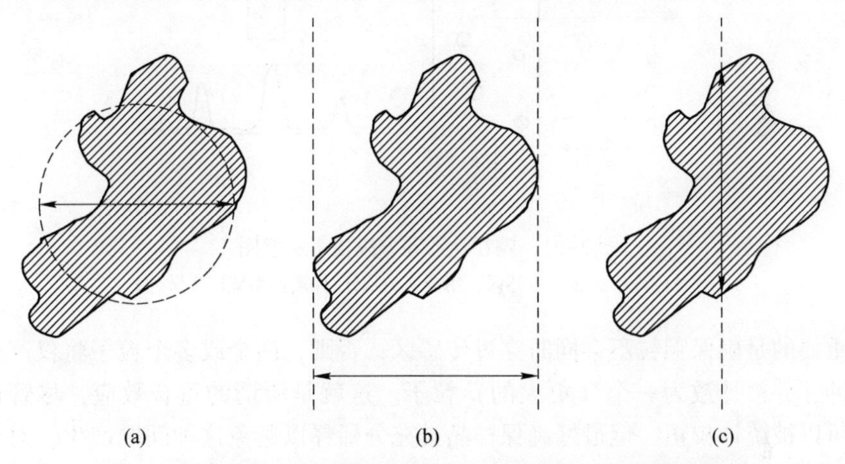

图2-20 以不同方式取得“直径”的非球形粒子的显微镜图像

（a）投影面积（等效圆）直径；（b）Feret直径；（c）Martin直径

（1）投影面积直径定义为一个圆的直径，其面积与颗粒的投影面积相同。

（2）Feret直径定义为在一个固定方向上，颗粒投影轮廓的两条平行切线的垂直距离。

（3）Martin直径定义为在一个固定方向上，一根弦的长度，它将颗粒投影面积分为两个相等的部分。

值得注意的是，本文的Feret和Martin直径，程序为所有被测颗粒的切线和弦选择了一个固定方向。这就照顾了显微镜观测范围内的所有颗粒，因为颗粒均处于随机方向，这样就给出了一个适当的平均值。

对于不规则颗粒，通过提供更详细的信息是可能的，但仍需一些简化。例如，细长颗粒用椭球近似，并且可以报告投影椭圆的长轴和短轴。

2.5.2 颗粒计数和分级

自动颗粒计数可以通过允许颗粒单独通过一个区域来实现，在该区域中，合适的传感器可以检测到颗粒的存在，如图 2-21 所示。穿过该区域的颗粒使自检测器得到响应，并可被计为一系列脉冲。如果传感器响应取决于颗粒尺寸，那么脉冲高度取决于尺寸，这提供了鉴别不同尺寸颗粒的方法。

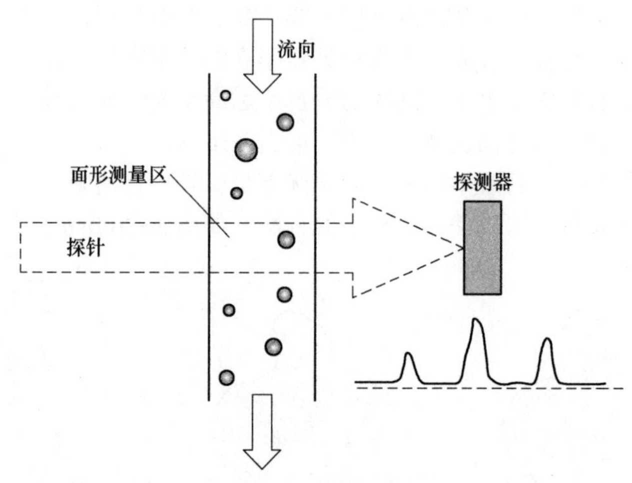

图 2-21　颗粒计数和分级技术示意图
（颗粒应该单独通过传感区，用合适的探针/探测器系统产生脉冲）

重要的是确保颗粒不会同时穿过传感区；否则，两个或多个粒子将仅产生一个脉冲，并被计数为一个（更大的）粒子。这就是所谓的重合效应，尽管这种效应可以被统计校正，但最好确保样品被充分稀释以避免这种问题产生。对于大多数悬浮液，高度稀释是必要的，这可能会导致颗粒尺寸分布的变化，尤其对于聚集颗粒来说。

两种常用的颗粒计数检测技术为：电学检测和光学检测，即电敏感区（电区）和光敏感区（光散射）计数器。两种方法均有自己的优缺点。

电区计数器是基于华莱士·库尔特（Wallace Coulter）在 20 世纪 40 年代后期提出的原理，并作为库尔特计数器（Coulter counter）进行商业销售。基本概念（通常称为 Coulter 原理）是，如果两个电极之间的电流保持恒定，电解质溶液中的颗粒穿过一个小孔会引起电阻的瞬间变化，从而产生电压脉冲。电极位于孔的任一侧，颗粒移动排开电解质溶液的体积等于颗粒的体积。与电解质溶液相比，大多数颗粒可以被认为具有无限电阻，因此产生的电压脉冲与颗粒的体积成比例。

库尔特技术已经被广泛使用，有成千上万的参考文献。它能够高速计数（每秒 5000 个颗粒或更多），并且能分辨大小略有不同的颗粒。这项技术最常见的用途是快速计数血细胞。

与其他（特别是光学）技术相比，电区方法的一个独特特征是它几乎不受颗粒的形状或组成的影响。穿过孔的颗粒产生的脉冲仅取决于排开的电解质的体积，因此也取决于颗粒的体积。对于聚集体，脉冲高度与组合颗粒的总体积成正比，不包括流体（因为这是电解质溶液，它不会增加额外的阻力）。

使用电区技术研究聚集现象的困难是，聚集物在穿孔的过程中可能破裂，在孔中可能存在较高的剪切速率。然而，这个问题并不简单，因为聚集体的破碎会产生相同总体积的碎片，计数器记录的大小应该与聚集体的大小相同。因此，孔口内的聚集体破碎应给出一个脉冲，其与聚集体的尺寸有关。刚好在孔口前面伸长流场的破裂会产生几个较小的脉冲。

另一个问题是，为了避免耦合效应，高度稀释往往是必要的。稀释流体必须是无颗粒盐溶液（通常为 2%NaCl），这会影响颗粒的胶体稳定性（见第 4 章）。然而，在避免耦合所需的低颗粒浓度下（通常每毫升所含颗粒小于约 10^6 个），聚集将变得非常缓慢（见第 5 章），并且在较短的测量时间内聚集不显著。

电区技术在非常宽的粒度范围内使用不太方便。为了可靠地检测颗粒，需要直径不超过初级颗粒尺寸约 50 倍的孔。小于约 0.5μm 的颗粒难以监测，这对胶体是一个严重限制。大于孔口直径约 40%的颗粒也存在问题，因为可能出现孔口堵塞。因此，对于 50μm 的孔，可以测量 1~20μm 尺寸范围内的颗粒。对于更宽的尺寸范围，必须使用 2 个或更多的孔口尺寸，但这是困难的。

使用光散射技术也可以实现颗粒计数和尺寸测定。在这种情况下，使颗粒单独通过聚焦光束（通常是激光束），并测量透射光或散射光强度。光束穿过每一个颗粒都会导致透射光的减少或散射光的增加，如图 2-12 所示。透射光的减少是由各个角度的散射引起的，并且应该远远大于任何特定角度散射光的增加。然而，散射技术比透射（或光阻挡）方法更灵敏，可以用于尺寸更小的颗粒。原因是通过光透射检测颗粒取决于精确地测量大量颗粒之间的微小差异（光束中有或没有颗粒的透射光强度）。在没有颗粒的情况下，应用散射技术时的值应该基本为零，这样即使很小的增加也可以被检测到。对于光阻计数器，颗粒尺寸下限约为 1μm，对于光散射仪器，则约为 0.2μm。在这两种情况下，可以使用标准光散射理论（米氏散射理论）来推导颗粒尺寸（参见第 2.4.4 节）。因为光散射取决于颗粒的折射率，光学计数和分级结果很难解释含有不同组分颗粒的悬浮液，如天然水体。通常的做法是用各种尺寸的单分散颗粒（如均匀的乳胶悬浮液）校准仪器，这样脉冲高度与颗粒尺寸相关。然而，这种关联仅适用于与球形乳胶颗粒具有相同形状和折射率的颗粒，这并不适用于所有水体颗粒的情况。这一困难在实践中常常被忽略，但这意味着来自光学颗粒计数器的颗粒尺寸信息，无论是通过光“阻塞”还是光散射，都必须谨慎解读。

一种新的颗粒计数和分级方法是聚焦光束反射率测量法（FBRM）。激光束通过窗口投射到颗粒悬浮液中，并聚焦到靠近窗口的小光斑。这个光斑会高速

(大约 2m/s) 旋转。当颗粒通过窗口时，聚焦光束将通过颗粒的一个边缘将一些光反向散射，直到光束通过相反的边缘。通过分析反向散射光信号，并知道旋转光斑的速度，可以确定颗粒边缘两点间的弦长。对于足够多的颗粒，在旋转点路径的任意角度，可以导出平均弦长，表征平均颗粒尺寸。还可以生成与粒度分布相关的弦长分布。然而，对于非球形颗粒，由于颗粒在光束中的不同取向，弦长会有一个分布。这种技术能够在很宽的尺寸范围（0.5~2.5mm）内测量颗粒尺寸，并且比前面描述的方法更适用于浓度更高的悬浮液。此外，和电区方法一样，这种方法不需要了解颗粒的任何特性。

所有这些颗粒计数和分级技术的一大优点是，关于颗粒尺寸分布的信息或多或少是直接导出的，而不需要假设分布的形式。

2.5.3 静态光散射

在本章前面已经看到，光散射在很大程度上取决于颗粒的尺寸，因此，它在原则上为确定颗粒尺寸提供了一种强有力的测定技术。

甚至应用透射进行浊度的简单测量也是有用的。如图 2-18 所示，特定浊度在很大程度上取决于粒径，但是曲线的形状使得不可能从一次测量中直接得出粒径。特定浊度的给定值可对应于至少两种粒径。通过在两种或更多种波长下进行测量，有可能绕过这个问题，但是结果仍然只是平均粒径，没有关于粒径分布的信息。

作为散射角的函数，散射光的测量作为确定粒径的方法更有希望。除了瑞利散射区域（见第 2.4.3 节），角度散射图取决于颗粒尺寸，但是，同样很难获得关于尺寸分布的信息。

解决粒度分布问题的通常方法是采用一种方便的数学形式（如对数正态分布），并将分布参数与实验散射数据进行拟合。

光散射方法的另一个问题是，需要关于颗粒折射率的信息，这有效地将该方法限制在相同材料的悬浮液中。这种限制不适用于大颗粒，在大颗粒中可以应用简单的衍射方法。

2.5.4 夫琅和费衍射

如前所述，对于比光波长大得多的粒径，散射可以视为几何光学中的问题。光束中的大球形颗粒可以被视为直径相同的圆盘。在圆盘的边缘，光被衍射，并在远离颗粒的平面上给出亮环和暗环的特征图案，这称为弗劳恩霍夫衍射。这些谱带代表衍射光强度的最大值和最小值，它们的位置仅取决于光波波长和粒径，而不取决于其他颗粒特性。尽管从 19 世纪早期就已经知道颗粒衍射，并在 1918 年被用于研究血细胞的大小，但它直到 1980 年才得到广泛应用。

对于约大于10μm的颗粒，光谱出现低角度。然而，使用激光照射、质量良好的光学系统（包括傅里叶变换透镜，或同心检测器阵列），可以获得详细信息。几种使用衍射方法的商业仪器是可用的，这些仪器在常规粒度分析中有非常广泛的应用。由于简单的夫琅和费衍射理论不适用于尺寸小于光波长的颗粒，商业软件通常基于米氏散射理论的计算。这意味着需要颗粒性质的信息（例如折射率）。

对于非均一的悬浮液，有必要将衍射数据进行转换以给出粒度分布。唯一可行的方法是采用大小分布的形式，如对数正态分布，并通过迭代过程导出适当的参数。使用这种方法，仪器可适用于较宽的粒度范围内（通常为1~1000μm）。

2.5.5 动态光散射

动态光散射的基础是，运动颗粒表面的散射光与入射光的频率略有不同，这就是众所周知的多普勒效应。在胶体分散体系中，颗粒的随机布朗运动导致散射光频率随机变化，不同颗粒散射的光进行干涉导致由检测器测得的光强度随机波动。当进行布朗运动的颗粒悬浮液被激光束照射时，看到颗粒的特征“斑点图”。这种效应的分析与散射光强度相关，这是由光电倍增管发出的一系列脉冲测量。这项技术的本质可以被称为光子相关光谱（PCS）或准弹性光散射（QELS）以及动态光散射。当相干激光和专用相关器可用时，实际操作成为可能。商业仪器于20世纪80年代早期引入，并广泛用于亚微米颗粒的尺寸测量。因为该效应取决于布朗运动，粒径的实际上限约为3μm。从光子脉冲序列的自相关函数中，可以导出颗粒扩散系数D。

因为球形颗粒的扩散系数通过Stokes-Einstein方程（2-28）与颗粒尺寸相关联，所以动态光散射提供了颗粒尺寸的测量，至少对于单分散球形颗粒来说确是如此。对于非球形颗粒，给定的尺寸是具有相同扩散系数的等效球体的尺寸。

对于多分散性样品，粒度分布的推导在数学上是困难的。商业仪器通常给出平均尺寸以及“多分散性指数”，该指数显示尺寸分布的宽度。

2.5.6 沉降法

因为沉降速率在很大程度上取决于粒径，至少对稀悬浮液来说是这样的，它为粒径测定提供了一种简便的方法。这种技术由来已久并被广泛使用。

沉降可以通过重量分析技术来研究，例如通过各种形式的沉降平衡或者通过某种管道法。这些方法是枯燥乏味的，但易于执行。一种更方便的方法是使用一种光沉降设备，它结合了重力沉降和光透射测量。在某些情况下，光束和检测器可以在沉降柱上上下移动，或者可以使用多个光束和检测器，从而减少了测量时间。当然，要从颗粒尺寸来解释结果，必须有关于颗粒密度和光散射特性的信息。对于密度相同的颗粒，推导尺寸分布并不难。

X 射线已经被用来代替光束。在这种情况下，颗粒比有效波长大得多，以至于它们的散射截面与投影面积成正比（见第 2.4.4 节）。

重力沉降技术限于至少几微米大小的颗粒，因为较小的颗粒沉降太慢，这个问题可以通过使用离心机来克服。沉降技术通常与光或 X 射线透射分析相结合，这样，沉降技术可以很好地扩展到亚微米尺寸范围。

沉降技术得到的所有粒径都是等效的斯托克斯直径。

延伸阅读

1. Allen T. Powder Sampling and Particle Size Determination [M] . Elsevier Science, New York, 2003.

2. Kerker M. The Scattering of Light and other Electromagnetic Radiation, Academic Press, New York, 1969.

3. Stanley-Wood N G, Lines R W. Particle Size Analysis, Royal Society of Chemistry, Cambridge, 1992.

4. van de Hulst H C. Light Scattering by Small Particles, Dover Publications, New York, 1981.

5. Vogel S. Life in Moving Fluids, Princeton University Press, 1996.

3 表面电荷

3.1 表面电荷的来源

当一个颗粒接触溶液时很容易因为各种原因带上表面电荷。最常见的原因是颗粒表面有化学基团，这种基团在水中可以离子化失去表面残余的正电荷或负电荷。这些机制将在后续章节中讨论。

3.1.1 组成离子的溶解

多数固体晶体（如碳酸钙）在水中的溶解度都是有限的，且这些颗粒可以通过其中一个或多个组分离子逃逸进液相而带电。在早期的胶体文献中，有很多有关银的卤化物的研究，特别是碘化银（AgI）的研究。这是一个很好的例子，尽管它与自然水体中的颗粒还并不是特别相关。

碘化银在水中的溶解度很低，在室温下的溶解常数大约为 $10^{-16}(\mathrm{mol/L})^2$。在纯水中，银离子和碘离子的浓度都约为 10^{-8} mol/L，在这种情况下，颗粒带负电。因为银离子进入液相的趋势大于碘离子，所以很多负电荷留在晶体表面。离子在晶格上的键合作用与在溶液中的水和作用差异越大，这种趋势越有利。通过改变 Ag^+和 I^-的浓度（例如，在溶液中添加 NaI 或 $AgNO_3$）有可能改变表面电荷。通过这种方式可以使表面的静电荷为零，即零电点（Point of Zero Charge，PZC），这是胶体科学中重要的概念。溶液中 Ag^+的浓度增加到 3.2×10^{-6} mol/L，Ag^+优先进入水中的倾向可以通过溶液中过剩的 Ag^+而平衡，因此表面的静电荷变为零。在这种情况下，I^-的浓度必须约为 3×10^{-11} mol/L，以维持碘化银的溶解常数。固体晶体的零电点概念如图 3-1 所示。

在这种情况下，组成离子被称为电位决定离子（Potential Determining Ions，PDI）。简单的热力学推理可以导出 PDI 浓度与溶液中固体电位间的关系。后者实际上是表面电位 ψ_0。通过能斯特方程可以将 ψ_0 与电位决定离子的浓度（严格意义上，是热力学上的活度）联系起来，表达式如下：

$$\psi_0 = \text{constant} + \frac{RT}{z_i F}\ln c_i \tag{3-1}$$

式中，R 为普适气体常数；T 为绝对温度；z_i 为价态；c_i 为电位决定离子的浓度；F 为法拉第常数。

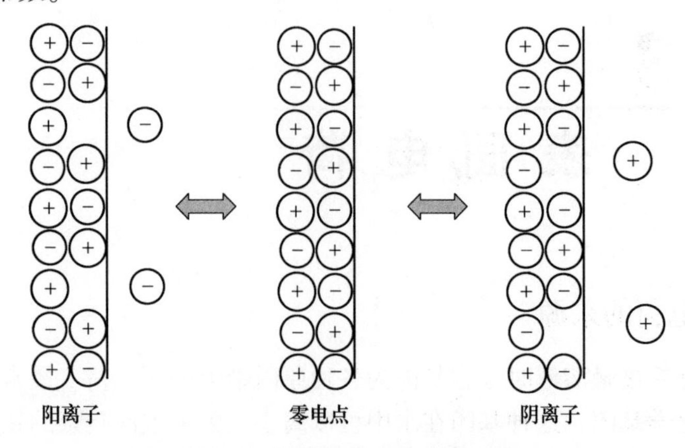

图 3-1 固体晶体的零点概念图

（低溶解度离子固体表面电荷的发展，组成离子具有电位决定性。这些离子在溶液中达到一定浓度时存在零电点，当阳离子浓度大于零电点时的浓度，则表面带正电，反之亦然）

表面电位随 PDI 浓度的改变速率可以用式（3-2）表达：

$$\frac{d\psi_0}{d(\lg c_i)} = 2.303\frac{RT}{z_i F} \tag{3-2}$$

对于单电荷离子如 Ag^+，$z_i=1$，则由式（3-2）可知，PDI 浓度改变 10 倍则表面电荷改变约 59mV。能斯特方程可以应用在很多领域，且可以直接应用到离子选择性电极。

对于碳酸钙，PDI 为 Ca^{2+} 和 CO_3^{2-}。因 CO_3^{2-} 与 HCO_3^- 在溶液中存在平衡，使得整个体系变得复杂，表面电位主要取决于溶液 pH 值。

3.1.2 表面离子化

很多物质的表面有酸性或碱性基团，它们既可以释放 H^+，也可以接受 H^+，这主要取决于溶液的 pH 值。生物的表面就是一个很好的例子，通常用蛋白质作为表面结构的一部分，因其既有羧基（COOH）又有氨基（NH_2），分别为弱酸和弱碱基团，它们的离子化方式如图 3-2 所示。

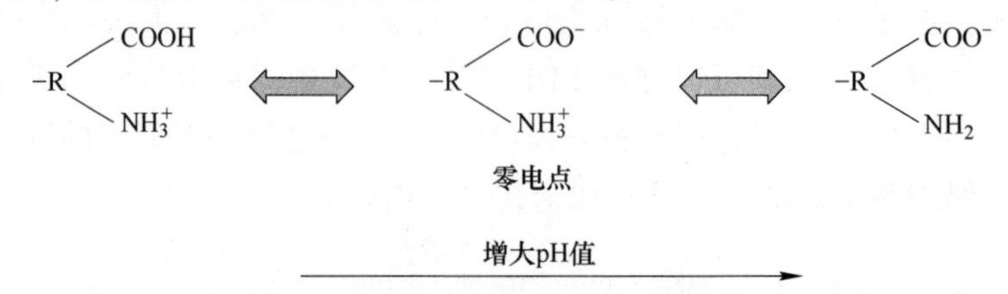

图 3-2 表面羧基与氨基的离子化，在特定的 pH 值下出现零电点

在低 pH 值时，羧基不分解，因此不带电荷；而氨基在低 pH 值时，因质子化而带一个正电荷。在高 pH 值时，羧基因分解而带一个负电荷，氨基因失去一个质子而不带电。因此，这样的表面在低 pH 值时带正电，在高 pH 值时带负电。

这里存在一个特征 pH 值，负电荷数与正电荷数正好平衡。与第 3.1.1 节中的情况类似，这称为零电点，但是 H^+ 不是颗粒的组成离子，因此它不是严格意义上的电位决定离子。零电点取决于表面基团的数目和种类，以及它们的离子化平衡。对于很多生物表面（如细菌和藻类），零电点在 pH 值为 4~5 的范围内，因此在自然水体中这种颗粒带负电。也因为这个原因，水体中的很多无机颗粒由于有机物质的吸附而带负电。

另外一个表面离子化的例子是金属氧化物，如 Al_2O_3、Fe_2O_3、TiO_2 等。在水体中，氧化物颗粒表面因羟基化而产生一些两性的表面基团，如 AlOH，它们既可以离子化成正电荷也可以离子化成负电荷。表面基团金属羟化物的离子化如图 3-3 所示。

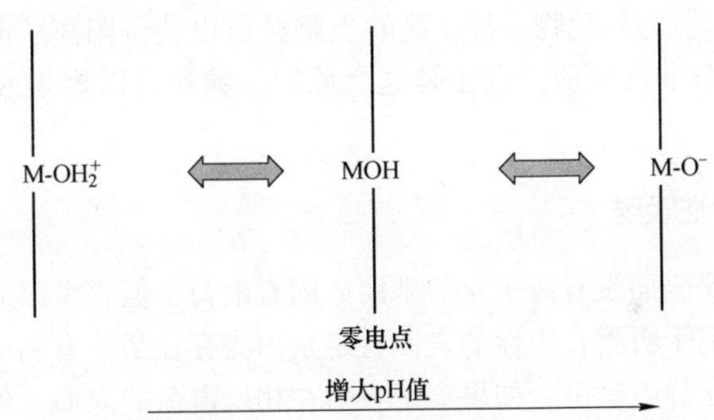

图 3-3 氧化物表面金属羟化物（MOH）的离子化，在特定的 pH 值存在零电点

我们知道，有零电点的表面在低 pH 值时带正电，在高 pH 值时带负电。对于氧化物，零电点值取决于金属的酸碱性质，而且在一个很宽的范围内变化。另外，零电点还取决于氧化物的晶型、原料、制备过程以及纯度，因此，很难确定精确的零电点值。但是，可以给一些重要的氧化物定一个粗略的零电点值。

氧化物:	SiO_2	TiO_2	Fe_2O_3	Al_2O_3	MgO
零电点:	2	6	8	9	12

酸性物质，如二氧化硅，很易失去质子，在很宽的 pH 值范围带负电。相反，碱性氧化物 MgO 很容易得到质子而带正电，pH 值等于 12 时才达到零电点。处于中间的物质，如氧化铁，大约在中性 pH 值有零电点，因此在中性水体中表面可能带正电荷也可能带负电荷。

尽管 H^+ 和 OH^- 不是严格意义上的电位决定离子，但是氧化物或相似物质的表面电荷却显示出像能斯特方程一样对 pH 值的依赖，特别是在零电点的范围内。

有些物质表面仅仅有一种离子化基团，如带有羧基或硫酸根的乳液颗粒。这种情况下，离子化度和表面电荷可能取决于 pH 值，但是没有零电点。表面负电荷随着 pH 值减小而减小，但是不会出现电荷反转。

3.1.3 类质同晶替换

由于类质同晶替换，一些物质本来就带有过剩电荷。最典型的例子就是黏土矿物，如高岭土，具有交替的硅氧四面体和铝氧八面体双层结构。在硅氧四面体层，一些 Si^{4+} 可能会被 Al^{3+} 替代，而铝氧八面体层中的 Al^{3+} 可能会被 Mg^{2+} 替代。在这两种情况下，晶格中的残留负电荷必须由一定数量的补偿阳离子来平衡。通常有一些尺寸大的离子，如 Ca^{2+}，不能适应黏土矿物的层状结构。一旦黏土浸入水中，这些离子就会移动并扩散进溶液中，这就是黏土矿物的阳离子交换性能。

在低 pH 值时，与氧化物一样，高岭土颗粒可以获得阳离子电荷，尽管由于类质同晶替换表面带负电荷。也正是这个原因，颗粒可以聚集成“边对面”的结构。

3.1.4 离子的特性吸附

如果一种物质表面没有离子化的基团或固有电荷，但它可以通过吸附溶液中的离子而带电。离子吸附在中性的表面肯定是因为存在某些有利的相互作用，即特性吸附，而不是静电吸引。如果离子吸附在相反电荷的表面，可能纯粹是因为静电作用，而且不可能改变表面电荷。相反，如果离子吸附在具有相同电荷的表面，一定存在一些有利的化学作用力以克服静电斥力。

表面活性剂离子吸附而产生表面电荷就是一个很好的例子。表面活性剂典型的结构是具有一个疏水性的碳氢链尾端和一个亲水性的可以离子化的头部基团，疏水性部分通过吸附在疏水性的表面而最小化地接触水，如图 3-4 所示。通过这种方式，颗粒表面可以因拥有离子化的表面活性剂而带电。也正因此，表面活性剂可以用来稳定油滴、气泡及许多类型的固体颗粒。

很多金属离子通过与表面上的基团形成配位键而特性吸附在表面上。很好的例子就是氧化物表面的金属离子，表面配合物的形成可以提供更强的吸附及电荷反转。在这种情况下，吸附的金属离子必须失去结合水，也就是说与表面基团形成“内圈层配合”。如果一个完全水化的离子吸附在相反电荷的表面，那么它形成的就是“外圈层配合”，而且完全由静电吸引作用控制。金属离子的水解作用，如铝离子与铁离子，可以在表面形成更强的特性吸附，并且这是水解性金属絮凝剂活性的一个重要因素（见第 6 章）。

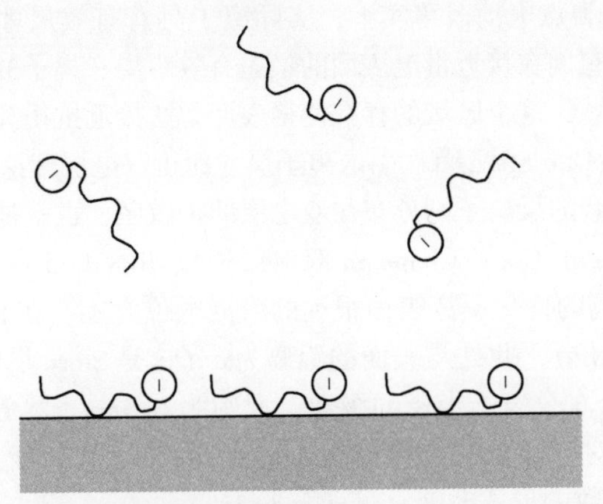

图 3-4 阴离子表面活性剂吸附在疏水性表面的示意图

由于水合作用的差异，甚至简单的离子都表现出吸附特性差异。阴离子没有阳离子的水合作用强，因此更容易接近表面，产生很明显的负电荷表面。这种效应可以解释部分中性表面在盐的水溶液中容易带负电荷。水中气泡带负电荷也是这种效应的例子。

3.2 双电层

不管表面电荷来源于什么基团，带电的表面接触离子性溶液将导致离子在溶液中的特征分布。如果表面带电，那么溶液中肯定有相应的过剩反离子（抗衡离子）以保持电中性。表面电荷与溶液中过剩的电荷组成了双电层，这就是胶体科学中极其重要的理论，已经进行了几十年详尽的研究，形成了各种复杂情形的理论模型。这里，只考虑一个相当简单的模型，但是可以传达双电层重要的性质。

3.2.1 平面界面的双电层

为方便起见，考虑盐溶液中的一个带电的平面。反离子主要受两种相反的趋势制约：

（1）在静电吸引作用下向带电表面移动。

（2）热运动作用下的随机性移动。

这两种效应的平衡取决于电荷分布和溶液的电位。20 世纪早期，Gouy 和 Chapman 各自对双电层模型进行了首次重要尝试性构建。这个模型基于三个假设：

（1）表面是无限的、平的、不能穿透的。

（2）溶液中的离子是点电荷，可以一直接近到带电表面。

（3）溶剂（水）是一种均匀介质，而且性质与离表面的距离无关。

据此可以推测，溶液中的电位与离带电表面的距离有关。对于较低的表面电位，溶液中的电位随表面距离的增大而呈指数下降。Gouy-Chapman 模型的主要难点在于假设离子为点电荷。事实上，实际离子具有有效尺寸，特别是它们水化之后，这就限制了它们在接近带电表面的最短有效距离。离子的有效尺寸使得存在一个接近表面的区域，这个区域的存在使得表面无法接近抗衡离子，这就是著名的Stern 层。1924 年，Otto Stern 首次引入离子尺寸纠正双电层理论。Stern 层包含一定比例的反离子，其余的反离子则分布在双电层的扩散区，也就是扩散层。

平面界面的 Stern-Gouy-Chapman 双电层模型如图 3-5 所示。图中显示了溶液中电位 ψ_0 随距离的变化，离表面很远的溶液电位为零。在 Stern 层，电位急剧下降至 ψ_δ(Stern 电位)，此处与表面的距离为 δ（这是 Stern 层的边界，也称 Stern 面）。δ 通常是一个水合离子半径的级数，大约为 0.3nm。尽管这个距离非常小，但是 Stern 层依然对双电层的性质有很大的影响。从 Stern 面通过扩散层再到溶液，电位近似于指数的形式改变，见式（3-3）。

$$\psi = \psi_\delta \exp(-\kappa x) \tag{3-3}$$

式中，x 为与 Stern 面的距离；κ 为由水中盐浓度决定的一个参数。

严格地讲，这种近似只适用于相当低的 Stern 值，但实际应用中并没有严格的限制。

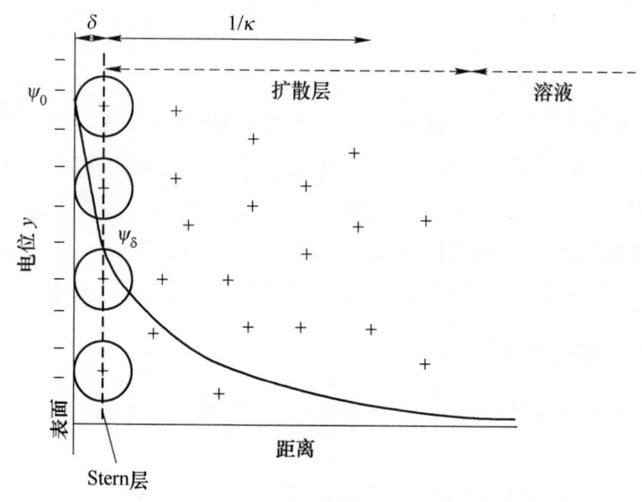

图 3-5　负电荷表面的 Stern-Gouy-Chapman 双电层模型

值得指出的是，图 3-5 中仅显示了双电层中过剩的抗衡离子。一般情况下，水中有不同的溶解盐，也就有很多阳离子与阴离子。事实上，由于静电斥力，在带电表面附近缺乏共存离子（也就是阴离子）。在带电表面的远处，阳离子与阴离子的浓度与本体溶液的浓度相当，而且它们的电荷正好平衡。在双电层区域，所有的表面电荷被过剩的反离子（缺少共存离子）所补偿。整个体系（带电表面和溶液）作为一个整体是电中性的，在图 3-5 中仅画出了反离子（阳离子）。

参数 κ 对水中带电颗粒的相互作用起很大作用，被称为 Debye-Hückel 常数。

计算参数 κ，需要知道溶液中所有重要离子的浓度 c_i 和电荷（价态）z_i，以及其他物理量，如气体普适常数 R，绝对温度 T，法拉第常数 F，溶液的介电常数 ε（相对介电常数 ε_r 乘以自由空间的介电常数 ε_0）。参数 κ 由式（3-4）计算：

$$\kappa^2 = \frac{1000F^2}{\varepsilon RT}\Sigma(c_i z_i^2) \tag{3-4}$$

式中的加合包括溶液中所有的离子，与离子强度 I 有关。离子强度 I 的定义式如下：

$$I = \frac{1}{2}\Sigma(c_i z_i^2) \tag{3-5}$$

式（3-4）中的参数都是国际单位（SI），在一些老的版本中可能会发现不同形式的表达。因子 1000 的引入是因为按照惯例离子浓度单位是 mol/L，而不是 mol/m^3。

参数 κ 是长度的倒数（m^{-1}），$1/\kappa$ 有时称为德拜长度或双电层厚度。从式（3-3）可以看出，当 $x=1/\kappa$ 时，扩散层的电位将降为 Stern 电位的 $1/e$。德拜长度是一个重要的尺度参数，它决定了扩散层的厚度，因此，也决定了颗粒间静电作用的范围。从式（3-4）可以看出，κ 随着离子浓度或价态的增加而增加。这种效应有时称为双电层压缩，与胶体颗粒的稳定性密切相关（见第 4 章）。

如果用 25℃ 时水的相关数值，则参数 κ 与离子强度可以关联为式（3-6）：

$$\kappa = 3.29\sqrt{I}\,(\mathrm{nm}^{-1}) \tag{3-6}$$

对于典型的盐溶液和自然水，德拜长度 $1/\kappa$ 的值可以从小于 1nm 到大于 100nm的范围。对于 25℃ 时完全离子化的水，H^+ 和 OH^- 的浓度分别为 10^{-7}mol/L，德拜长度大约 1000nm（或 1μm）。一些溶液的德拜长度见表 3-1。

表 3-1 一些溶液的德拜长度

溶液	$1/\kappa$/nm
纯水（去离子水）	960
10^{-4}mol/L NaCl	30
10^{-4}mol/L $CaCl_2$	18
10^{-3}mol/L $MgSO_4$	5
泰晤士河河水	4
海水	0.4

3.2.2 电荷和电位分布

已经看到，远离带电表面电位有显著的降低，所以知道反离子的电荷分布也是非常有用的。

假设表面的电荷密度为σ_0(C/m^2)，不存在特性吸附，那么所有的表面电荷必须被扩散层中的过剩电荷（电荷密度σ_d）平衡，因此$\sigma_0=-\sigma_d$。从基本的静电学可以知道，扩散层中每单位面积的总电荷等于扩散层内边界层（也就是 Stern 面）处的电位梯度。那么，如果 Stern 电荷相当小，则扩散层中的电荷与 Stern 电荷成正比，见式（3-7）：

$$\sigma_d = -\varepsilon\kappa\psi_\delta \tag{3-7}$$

式（3-7）中的负号是必须的，因为扩散层电荷与表面电荷必须相反；对于负的表面电荷，相应的扩散层电荷必须是正的。

对于一个平行板电容器，式（3-7）就像是电荷与电位的关系，则电容$C_d=\varepsilon\kappa$。那么电容器板间的有效距离为$1/\kappa$，也就是德拜长度。这也是德拜长度被认为是双电层有效厚度的一个原因。事实上，Stern 层与扩散层的结合可以看作是两个平行板电容器串联。如果 Stern 层的电容为C_S，则总电容C_T的标准公式为：

$$\frac{1}{C_T}=\frac{1}{C_S}+\frac{1}{C_d} \tag{3-8}$$

总电位ψ_0在经过两个电容器时减小，并分为两个电位，一个是穿过 Stern 层的$\psi_0-\psi_\delta$，另一个是经过扩散层的ψ_δ，如图 3-6 所示。对于一个给定的系统，Stern 层的电容可以认为是固定的，它取决于双电层厚度δ和表层水的有效介电常数，通常远低于体相水的介电常数。但是，扩散层的电容由于 Debye-Huckel 参数κ而取决于离子强度。因为κ随离子强度的增加而增加，由此可见，扩散层电容也会增加。这意味着，随着盐浓度增加，总电位的下降可能会有一小部分出现在扩散层，因此大部分下降发生在 Stern 层。换句话说，Stern 电位ψ_δ随离子强度增加而减小，如图 3-6 所示。

从图 3-6 可以看出，增加离子强度对双电层性质有两个重要的影响：

（1）Stern 层电位减小；

（2）扩散层厚度减小（压缩）。

添加任何一种盐和弱电解质会出现这两种效果。然而，事实证明，由于离子价态对参数κ的强烈影响，高价离子比单价离子的影响更大。

在某些情况下，添加的盐可能包含能在表面特性吸附的离子（见第 3.1.4 节）。如果有反电荷（抗衡离子）吸附在表面，那么有可能使表面电荷发生反转，正如图 3-6 中 *c* 所示的情况。对于有较强吸附的抗衡离子，较低浓度即会导致电荷反转，所以可能会对扩散层厚度有较小的影响。特性吸附可以使表面电荷减少，它是一个非常重要的使带电颗粒失稳的实用方法（见第 4 章）。

3.2.3 球形颗粒

到目前为止，考虑的全是带电的平面，但这些模型对水中许多真正的颗粒并不适合。这些模型不可能处理任意形状的颗粒，因此将简要地说明带电球体的双电层。带负电荷的球形颗粒的双电层如图 3-7 所示。

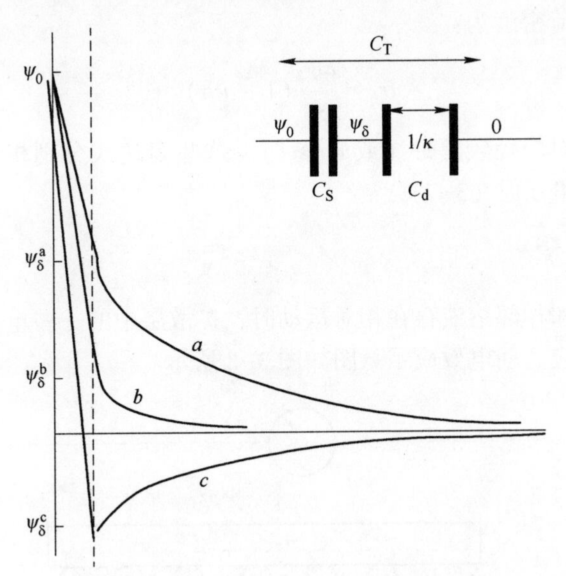

图 3-6 双电层中的电位分布（插图表示双电层可以认为是两个电容器串联）

a—低浓度的弱电解质；*b*—高浓度的弱电解质；

c—低浓度的盐，有特性吸附可以使电荷反转的阳离子

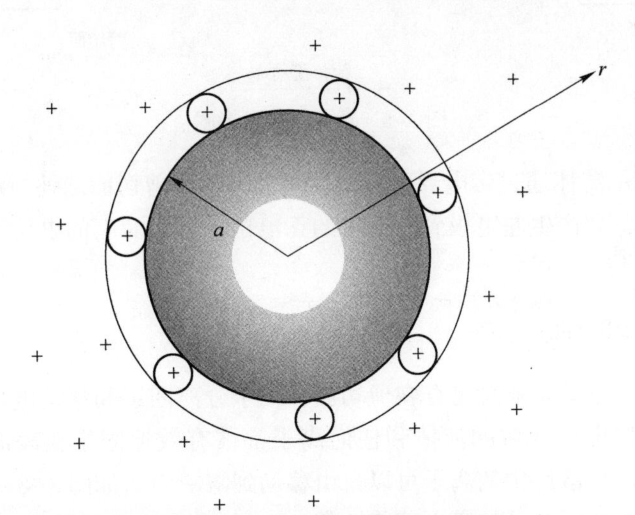

图 3-7 带负电荷的球形颗粒的双电层

处理完整的球形双电层理论是很困难的，在此只进行简单的近似。这种情况下，Stern 电位相当低，电位随从球体中心的径向距离 r 和半径 a 变化（见图 3-7），也可以由一个简单的指数形式来表达：

$$\psi = \frac{\psi_\delta \alpha}{\gamma} \exp[\kappa(\alpha - \gamma)] \tag{3-9}$$

球的表面电荷密度为：

$$\sigma_0 = \frac{\varepsilon \psi_\delta}{\alpha}(1 + \kappa\alpha) \tag{3-10}$$

当双电层相对粒径较薄时（或 $\kappa a \gg 1$），这些表达式分别相当于平面双电层的方程（3-3）和方程（3-7）。

3.3 动电学现象

当带电界面和相邻溶液存在相对运动时，扩散层中的一些电荷会移动到溶液中，引起动电效应。动电效应示意图如图 3-8 所示。

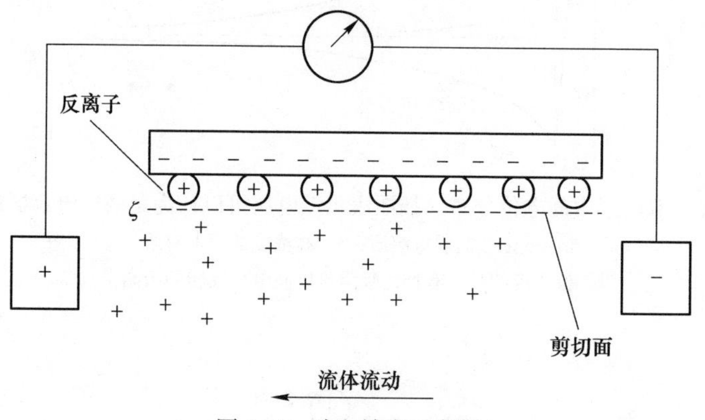

图 3-8 动电效应示意图

图 3-8 表示流体通过带电界面，产生流动电位。剪切面之外，双电子层中相反电荷的运动，会产生左电极到右电极的正电位。剪切面上的电位是由这样测量引起的 Zeta 电位。

3.3.1 剪切面和 Zeta 电位

动电学的一个基本概念是存在剪切面，用于分离固定和移动电荷。在剪切面和表面之间，假定该区域的液体和任何离子都被有效地固定在表面。剪切面之外，双电子层的扩散层中的离子可以自由移动到溶液中。如图 3-8 所示，假定带负电荷的表面与相反离子的正电荷相抗衡。

如果流体按图 3-8 所示的方向流动，一些抗衡电荷会从左向右移动。将会导致电势差的变化以至于上游电极对下游电极更有吸引力。这是几种可能的动电效应，以流动电位著称。接下来将讨论这些效应。

剪切面的电动势可用动电测量来获得，这就是众所周知的 Zeta 电位，用 ζ 表示。在Zeta电位和双电层结构之间，剪切面的精确位置和因果关系一直是许多争议的根源。对于大多数情况，假定剪切面接近于Stern面，因此Zeta电位最接近于Stern电位ψ_δ。因为没有独立技术来测量Stern电位，因此也没有理想的方法来验证这一假设。然而，Zeta电位在胶体学科中取得了重要的地位，不仅仅因为它非常容易测量，还因为带电颗粒间的相互作用很大程度上取决于Zeta电位(第4章)。

当带电界面和液体有相对运动时，既可以通过测量电动势（或者电流）又可以施加电场观测电场引起的相对运动来观测各种动电现象。典型的动电效应如下：

(1) 电渗析。在外加电场的作用下液体通过材料多孔塞（或管）的流动。

(2) 电泳。带电颗粒在电场中的运动。

(3) 流动电位。液体被强制通过材料多孔塞（或管），还可以测量流动电流。

(4) 沉积电位。当带电颗粒通过液体下降时可以检测到。

其中，表征颗粒电荷最有用的是电泳技术和一些其他可用的商业仪器，例如Zeta电位仪、激光粒度仪等。基于流动电流技术的仪器也被使用，尤其在水处理中混凝剂投加量的优化（流动电流检测器，SCD）。本书致力于颗粒电泳的研究。

3.3.2 电泳和电泳迁移率

当外加电场施加到带电颗粒的悬浮液中，颗粒移向其中一个电极。带负电荷的颗粒移向正极，反之亦然。颗粒的速率正比于所施加的电场强度，两者的比率被称为电泳迁移率（EM）。EM的常用单位是$m^2 \cdot s^{-1} \cdot V^{-1}$，在这个尺度上，它的值在-5~5范围内，国际单位是$m^2 \cdot s^{-1} \cdot V^{-1}$。

电泳淌度的测定原则是直接、简单。涉及测量已知电场强度时颗粒的速度。先前的技术（仍在广泛使用）是运用一个特别设计的电泳槽，直接显微观测颗粒的移动。Zeta电位仪和Rank Brothers Mark 2仪器可以用来直接测量。激光测速仪的方法已经被采用，其本质是穿过激光束产生已知间距的干涉条纹，移动的颗粒随波动强度通过条纹散射光，频率与颗粒速度直接相关。

因为观测单元内壁通常带电的这一事实，会导致与电泳淌度相关的一个重要且复杂的情况出现。这导致了电渗流动，在颗粒速度上叠加。这个问题的通常方法是在恒定水平进行测量，电渗透流量是零（在一个封闭槽中，沿着内壁的流动伴随着一个围绕中心并且有明确水平的回流，两种流体完全抵消）。在固定水平观测到的颗粒速度是真实的电泳速度。某些情况下，电泳槽内壁涂有凝胶，本质上是不带电的，所以没有或很少有电渗流。这避免了确定固定水平。

一个完全不同的实验方法是基于电声学。当悬浮颗粒遇到高频声波时，颗粒在同一频率下开始振动。如果颗粒带电并且受到周围扩散层相反颗粒的抵抗，颗粒振动会使一些电荷分离并且产生一个可测交变电场。因为离子比颗粒移动得多并且对超声波反应更迅速，从而产生电荷分离。颗粒滞后于反颗粒，产生一个小的、脉动的电偶极。许多这样的电偶极的累积效应，产生一个胶体振动电位，其大小与颗粒的电泳淌度成正比。基于同样的原因，交变电场应用于带电悬浮颗粒产生声波，这一效应被称为电动声波振幅（ESA）。

这些效应被用在商业仪器中确定浓溶液悬浮颗粒的Zeta电位，传统的电泳淌度技术和激光测速方法不适用。然而，电声方法不能用于稀的悬浮液（通常含固量小于1%）。

确定了电泳淌度，如何推导Zeta电位？通常情况下，这可能会非常复杂，在有限情况下，这里有两个简单近似。

其中一个情况是颗粒很小，因此扩散层更大。这个条件在数学上可表示为$\kappa a \ll 1$，κ是Debye-Hückel参数，a是颗粒半径。这种情况下，Zeta电位和EM值U用Hückel方程表示：

$$U = \frac{2\varepsilon\zeta}{3\mu} \tag{3-11}$$

式中，μ是液体黏度。

对于这一近似，水中的大多数颗粒太大而不适用。Hückel方程更适合溶液中离子和聚电解质。

当扩散层相比粒径更小时（$ka \gg 1$），Smoluchowski方程适用，与式（3-11）不同，是它的1.5倍：

$$U = \frac{\varepsilon\zeta}{\mu} \tag{3-12}$$

这在实践中是一个非常有用的表达。它可用于粒径范围在1μm或更大，或离子强度在1mM或更大的盐水溶液中。此外，Smoluchowski方程适用于任何形状的颗粒，由与任意曲率半径相比更薄的扩散层提供。式（3-12）中介电常数和黏度是水在25℃时测定的，Zeta电位和流动性之间的简单关系如下：

$$\zeta\,(\mathrm{mV}) = 12.8\times10^{-8}U\,(\mathrm{m^2\cdot S^{-1}\cdot V^{-1}}) \tag{3-13}$$

因此，Zeta电位通过t迁移率乘以一个约为13的因子。

对于中间颗粒，先前的近似不再适用，出现了一些复杂情况，从电泳淌度来推导Zeta电位也不简单。对这个原因，常用方法是引用淌度的实验结果，而不是推导Zeta电位。

延伸阅读

1. Hunter R J. Zeta Potential in Colloid Science, Academic Press, London, 1981.

2. Koopal L K. Adsorption of ions and surfactants, in Coagulation and Flocculation.

3. Dobias B, Ed. Marcel Dekker, New York, 1993.

4. Stumm W. Chemistry of the Solid-Water Interface, Wiley-Interscience, New York, 1992.

4 胶体间作用与胶体稳定性

4.1 胶体间作用的基本概念

水体中颗粒间存在不同种类的相互作用，这取决于颗粒的性质，尤其是表面性质。颗粒间相互作用可以产生吸引力或排斥力。若吸引力占主导，这些颗粒会黏附在一起形成团簇或聚集体。若颗粒相互排斥，则颗粒被分散并阻止进一步聚集。后一种情况下颗粒是稳定的；而在聚集体形成时，颗粒则不稳定。由于这些概念主要与胶体尺寸范围内的颗粒相关，因此被称为胶体稳定性，这类作用被统称为胶体间作用。本章将讨论这些问题。

4.1.1 颗粒尺寸的重要性

处理不同类型胶体相互作用之前，给出一些重要的基本特征是非常有必要的。

（1）胶体间作用是短程力，即相互作用范围通常远小于颗粒尺寸。由于直到颗粒紧密接触时才起作用，因此胶体相互作用对颗粒的传输影响较小，这由第2章讨论的机理所控制（即扩散、沉降、对流）。颗粒相互接近时，胶体间作用性质对确定颗粒是否发生黏附至关重要。

（2）另一个重要特征是颗粒间作用取决于颗粒尺寸。大多数情况下，相互作用的强度大致与粒径的一次幂成正比。但还有其他影响因素，如第2章讨论的流体阻力和重力。流体阻力与颗粒的投影面积成正比，从而与颗粒尺寸的平方成正比。而重力与颗粒的质量成正比，因此与颗粒尺寸的三次方成正比。

胶体间作用随着颗粒尺寸的增加而降低，因此，颗粒尺寸对胶体间作用非常重要。如图4-1所示，两个球形颗粒与层状颗粒接触时受三种不同形式的作用力：

（1）吸引力 F_A 使颗粒保持在平面上。

（2）流体阻力 F_D 由平行于表面流动而引起。

（3）垂直向下的重力 F_G 方向与 F_A 相反。

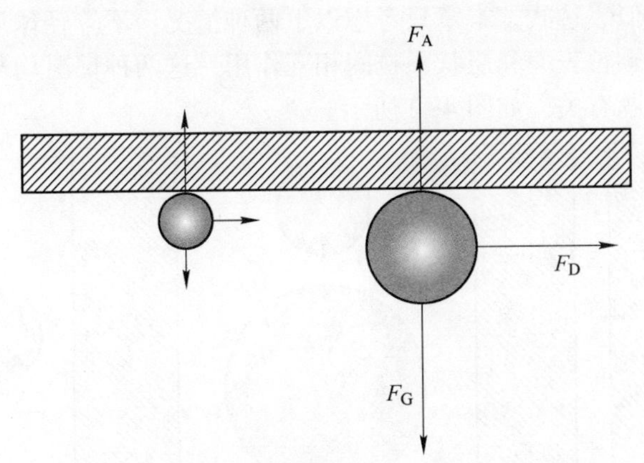

图 4-1 与层状颗粒相接触的球形颗粒受力情况

F_A—胶体吸引力（如范德华力）；F_D—流体阻力；F_G—重力

（对于较小的颗粒（左），胶体吸引力最大，对于较大的颗粒，其他作用力更为重要）

图 4-1 中颗粒直径相差两倍，箭头的长度表示作用力的大小。对于较小的颗粒，吸引力大于重力，颗粒保持黏附。而对于较大的颗粒，尽管 F_A 加倍，但 F_G 相对较小颗粒增大 8 倍。这意味着重力足以将较大颗粒分离。另外，阻力增加 4 倍也会对大颗粒分离产生一定影响。这个简单的例子解释了一个普遍现象：对于较小的颗粒，胶体间作用更为显著，而较大的颗粒则更容易地通过流体阻力或其他外部力（如重力）分离。这也是为什么这种效应被称为胶体间作用的原因。

4.1.2 作用力和势能

在某些情况下，微粒间胶体相互作用力可以直接测量。然而，讨论相互作用颗粒的势能非常方便。通过将微粒从无穷远处移动到作用距离为 h 处所做的功把两者联系起来，从而得出了相互作用能。如果在作用距离为 h 时相互作用力为 $P(x)$，那么通过 dx 距离所做的功为 $P(x)dx$。因此，将颗粒从无穷远处移动到作用距离为 h 处的总功，或者微粒间相互作用的势能 V 的表达式为：

$$V = \int_h^\infty P(x)\,dx \tag{4-1}$$

力的符号为正表示排斥力，为负表示吸引力，力的符号与相互作用能一致。通常颗粒间作用力很容易得到，然后根据方程（4-1）来计算相互作用能。

4.1.3 空间相互作用

推导出平行平板间的相互作用与作用距离的关系是解决颗粒间的相互作用问题的常见方法。一些水体中的颗粒具有层状特征（如黏土），但在许多情况下，需要考虑大致呈球形颗粒的相互作用。1934 年，Deryagin 推导出球形或其他形状颗粒间作用的近似表达式。本章只考虑以下两种情况：不等径球形颗粒表面间相互作用以及球形颗粒表面和层状颗粒间相互作用，这两种情况均与涉及胶体间作用的许多常见问题有关，如图 4-2 所示。

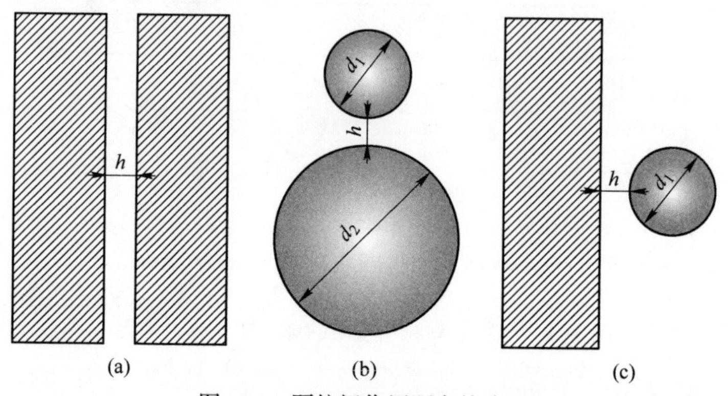

图 4-2 颗粒间作用距离均为 h

(a) 层状颗粒间作用；(b) 不等径球形颗粒间作用；(c) 球形颗粒和层状颗粒间作用

Deryagin 假设球形颗粒间作用可以视为同心平行环间作用的总和。此假设仅适用于作用距离远小于球形颗粒直径的情况。由于胶体间作用通常是短程力，但这不是重要的限制因素。当颗粒间距离为 h 时，单位面积的相互作用能为 $V(h)$，直径为 d_1 和 d_2 的不等径球形颗粒间相互作用力很容易得到：

$$P(h) = \frac{\pi d_1 d_2}{d_1 + d_2} V(h) \tag{4-2}$$

对于球形颗粒与层状颗粒相互作用的情况，可以将层状颗粒视作一个无限大的球体，通过计算球形颗粒间相互作用得到（$d_2 = \infty$）：

$$P(h) = \pi d_1 V(h) \tag{4-3}$$

此相互作用力等于作用距离为 h 的两等径球形颗粒间作用力的两倍。

对于适当的作用力表达式，采用方程（4-1）可以计算相互作用能。然而，方程（4-2）和方程（4-3）仅适用于作用距离极小的情况（$h \ll d_1$）。对于较大的作用距离不再适用。

4.1.4 颗粒间作用力的类型

在实际中，以下类型的胶体间作用力非常重要，将会在随后的章节讨论。

(1) 范德华力（通常是吸引力）。

(2) 双电层（排斥力或者吸引力）。

(3) 水合效应（排斥力）。

(4) 疏水作用（吸引）。

(5) 空间位阻（通常是排斥力）。

(6) 聚合物桥联（吸引）。

大约 1940 年前后由 Deryagin、Landau、Verwey 和 Overbeek 提出的范德华作用和双电层理论成为胶体稳定性的理论基础，现在普遍称为 DLVO 理论。DLVO 理论外的相互作用力统称为非 DLVO 作用。

将在后续章节介绍这些相互作用及其对胶体稳定性的影响。

4.2 范德华作用

4.2.1 分子间作用力

1873 年，van der Waals 通过所有原子和分子间存在不同类型吸引力的假设来解释真实气体的非理想行为。当分子是极性时（即电荷分布不均匀），偶极之间的吸引力非常重要。当相互作用的分子具有永久偶极时，则会对它附近的中性分子诱导出偶极而产生吸引力。当原子或分子是非极性的，电子围绕原子核运动产生"瞬时偶极"，诱导其他分子产生偶极从而产生吸引力。从胶体稳定性角度，分子间相互作用非常重要。Fritz London 在 1930 年首先发现这是量子力学效应，也由于这个原因分子间力又被称为伦敦-范德华力。然而，由于电子振荡产生光的色散，这也被称为色散力。

所有相互作用取决于分子间距离 r，分子间作用力与分子间距的六次方成反比：

$$V(r) = -\frac{B}{r^6} \tag{4-4}$$

式中，B 是取决于相互作用分子性质的常数（被称为伦敦常数）；负号表示吸引。

分子间作用力随距离的增加迅速减小。然而对于宏观物体，吸引力属于长程力，且在胶体颗粒间起重要作用。

4.2.2 宏观物体间作用

所有的物体都是由分子和原子组成，受分子间作用力的影响。原则上，已知几何形状的两个物体间总相互作用可以通过分子间作用力加和得到。对相互作用物体的体积进行积分可以代替总相互作用，结果取决于单位体积内分子数和适当的伦敦常数 B。20 世纪 30 年代，H. C. Hamaker 采用了此方法，结果表明当作用距离较大时，分子间作用非常明显。结果如下。

两个作用距离为 h 的层状颗粒，其单位面积范德华作用能如下：

$$V_A = -\frac{A_{12}}{12\pi h^2} \tag{4-5}$$

式（4-5）假设层状颗粒无限厚（层状颗粒厚度要远大于作用距离）。该方程适用于层状颗粒 1 和颗粒 2 组分不同的情况。常数 A_{12} 称为 Hamaker 常数，取决于组分的性质。A_{12} 计算如下：

$$A_{12} = \pi^2 N_1 N_2 B_{12} \tag{4-6}$$

N_1 和 N_2 表示颗粒中单位体积的分子数；B_{12}是分子 1 和分子 2 间相互作用的 London 常数。

将在后续章节继续讨论 Hamaker 常数。

对于不等径球形颗粒间相互作用，Hamaker 常数表达式如下：

$$V_A = -\frac{A_{12}}{12}\left[\frac{y}{x^2 + xy + y} + \frac{y}{x^2 + xy + x + y} + 2\ln\frac{x^2 + xy + x}{x^2 + xy + x + y}\right] \tag{4-7}$$

$$x = \frac{h}{d_1},\ y = \frac{d_2}{d_1}$$

对于球形颗粒-层状颗粒的情况，可以将球形颗粒-球形颗粒第二个球形颗粒视作无限大（$y=\infty$），相互作用能如下：

$$V_A = -\frac{A_{12}}{12}\left[\frac{1}{x} + \frac{1}{x+1} + 2\ln\frac{x}{x+1}\right] \tag{4-8}$$

假定作用距离非常小（$x \ll 1$），表达式（4-7）和式（4-8）可以分别简化为：

$$V_A = -\frac{A_{12}d_1d_2}{12h(d_1 + d_2)} \tag{4-9}$$

$$V_A = -\frac{A_{12}d_1}{12h} \tag{4-10}$$

短程力表达式也可以用德亚金法（方程（4-2）和方程（4-3））和层状颗粒间作用能表达式（4-5）推导。这里给出了作用力的表达式，根据方程（4-1）进行积分时，得到与方程（4-9）和方程（4-10）相同的结果。当作用距离超过粒径的百分之几时，这种近似不太准确。图 4-3 显示了两个等径球形颗粒间的作用能随作用距离 h/d 的变化。相互作用能也可以表达成与 Hamaker 常数的比值 V/A。虽然不是很准确，但是该短程力表达式足以满足许多实际情况。

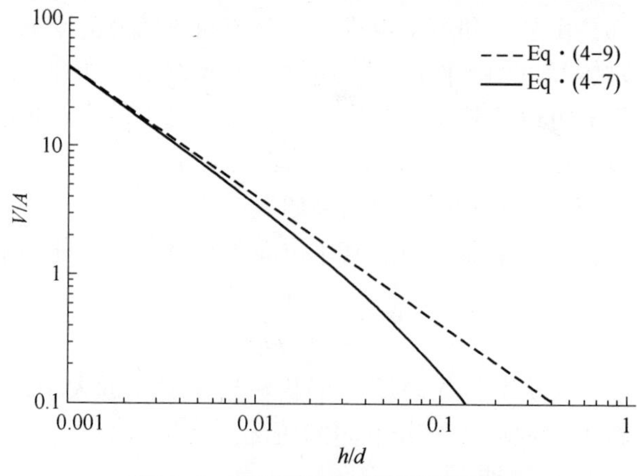

图 4-3 等径球形颗粒间范德华力

（实线和虚线分别由 Hamaker 方程（4-7）和近似短程力方程（4-9）得到）

显然，宏观物体间范德华力随作用距离的变化与分子间作用不同。层状颗粒间的相互作用能与作用距离的平方成反比，对于非常接近的球形颗粒存在 $1/d$ 的关系。这意味着随着作用距离的增加，相互作用减小程度比分子间 $1/r^6$ 更小。由于这个原因，范德华力对颗粒的作用更加重要。

球形颗粒短程力表达式的能量正比于球体直径。一般来说，范德华力对大颗粒的影响较小，如第 4.1.1 节所述，但是也存在特殊情况。如蜥蜴类壁虎能爬垂直的表面，属于“干黏附”，这主要取决于范德华力。原因是壁虎的脚趾有数百万的小足垫或刚毛，使其对表面的吸附力比单点黏附时更大。

4.2.3 Hamaker 常数

Hamaker 常数可以通过不同的方法来计算，在某些情况下它们可以通过直接测量吸引力来获得。基于分子间作用力具有可加性假设的原始 Hamaker 方法是不可靠的；20 世纪 50 年代，由 Lifshitz 和其同事提出了另一种“宏观”方法。此方法没有对分子间相互作用进行假设，并仅适用于宏观性质，特别是介电常数。这里不再赘述，但对于层状颗粒 Lifshitz 得出的结果和 Hamaker 表达式相同，见方程（4-5）。因此对于近似球形颗粒，从方程（4-9）和方程（4-10）获得的 Hamaker 结果是合理的。Hamaker 法（微观）和 Lifshitz 法（宏观）得到的 Hamaker 常数不同，但在很多情况下，结果差异很小（见表 4-1）。

对于非极性材料，范德华相互作用主要来自紫外区，并且基于光学色散数据可以获得简单的表达式。虽然这是从方程（4-6）对 Hamaker 常数的定义得出的，但它仅适用于从材料的体相性质中获得的数据。Hamaker 常数见表 4-1。

表 4-1 Hamaker 常数

物 质	$A/10^{-20}$J			
	真空中		水中	
	精确值	式（4-12）计算值	精确值	式（4-16）计算值
水	3.7	3.9	—	—
熔融石英	6.5	7.6	0.83	0.61
方解石	10.1	11.7	2.2	2.1
蓝宝石（Al_2O_3）	15.6	19.8	5.3	6.1
云母	10.0	11.3	2.0	1.9
聚苯乙烯	6.6	7.8	0.95	0.67
聚四氟乙烯	3.8	4.4	0.33	0.015
正辛烷	4.5	5.3	0.41	0.11
正十二烷	5.0	5.9	0.50	0.21

注：表中“精确值”主要来自 Israelachvili 的报道（1991 年），近似值采用方程（4-12）和方程（4-16）获得。

对于真空中颗粒1和颗粒2的相互作用，Hamaker常数A_{12}如下：

$$A_{12} = \frac{27}{32}\frac{hv_1v_2}{v_1 + v_2}\left(\frac{n_1^2 - 1}{n_1^2 + 2}\right)\left(\frac{n_2^2 - 1}{n_2^2 + 2}\right) \tag{4-11}$$

式中，h是普朗克常数；v_1和v_2为物质的特性色散频率；n_1和n_2是折射率。色散频率由折射率随频率的变化获得（特征值3×10^{15}Hz），折射率是外推到零频率的值（尽管也适用于可见光，但存在较小的误差）。

对于相同介质相互作用的Hamaker常数A_{11}如下：

$$A_{11} = \frac{27}{64}hv_1\left(\frac{n_1^2 - 1}{n_1^2 + 2}\right)^2 \tag{4-12}$$

在Hamaker常数的大多数表格中，给出了单一物质A_{11}的Hamaker常数。对不同物质相互作用的复合Hamaker常数可以取其几何均值做近似计算，其公式如下：

$$A_{12} \approx \sqrt{A_{11}A_{12}} \tag{4-13}$$

根据方程（4-11）和方程（4-12），如果两种物质的色散频率几乎相等，则该近似是有效的。

对于非极性物质，对范德华相互作用的频率贡献较低（由偶极分子旋转导致）。最典型的例子是水，因为水分子的极性而具有非常高的介电常数。除了由方程（4-12）给出的“色散”分量外，对Hamaker常数还有一个重要的“零频率”（或“静态”）贡献。对于水分子，零频率是接近（3/4）k_BT或者约为3×10^{-21}J，小于总值3.7×10^{-20}J的10%（见表4-1）。然而，零频率对于水中颗粒的相互作用更为重要（见第4.2.4节）。另一种复杂因素是零频率易受溶解性盐的影响，并且在离子强度较高时迅速减小。

表4-1给出了常用的各种物质Hamaker值，包括物质在水中和真空的Hamaker值（见第4.2.4节）。这些值基于Lifshitz理论和近似表达式——方程（4-12）和方程（4-16）的“精确”计算获得。大多数Hamaker值在10^{-20}J数量级。高密度矿物颗粒往往具有较高Hamaker值，而低密度矿物颗粒具有较低的Hamaker值。这是因为高密度颗粒的折射率很大，而Hamaker值取决于折射率。

尽管Hamaker值非常小，但却非常重要。与热能测量值k_BT（其中k_B为玻耳兹曼常数，T是绝对温度）相比，也更为准确。在常温下，k_BT约为4×10^{-21}J，和Hamaker常数值相当。图4-3表示当Hamaker值是10^{-20}J（大约2.5倍的k_BT）时，对于等径球形颗粒，作用距离为5%直径时的作用能和热能相当。在更大的作用距离条件下，相比于热能，相互作用能将变得微不足道。

4.2.4　分散介质的影响

目前，仅考虑颗粒在真空中的相互作用。但是对于水体系需要分离的颗粒，需要将其扩展到另一种介质（水）中。幸运的是，只需要改进 Hamaker 常数。颗粒 1 和颗粒 2 在介质 3 中相互作用的 Hamaker 常数，A_{132}计算如下：

$$A_{132}=A_{12}+A_{33}-A_{13}-A_{23} \tag{4-14}$$

等式右边的 Hamaker 常数代表颗粒在真空中的相互作用。因此，A_{13}表示介质 1 和介质 3 在真空中的相互作用。

方程（4-14）的形式可以通过以下事实解释：悬浮液中的颗粒可以有效地取代等体积的悬浮介质。当颗粒接近时，重新形成了颗粒-颗粒间以及介质-介质间的相互作用，但是两个颗粒-介质间的相互作用消失，如图 4-4 所示。可以认为这种效应和阿基米德浮力原理类似。

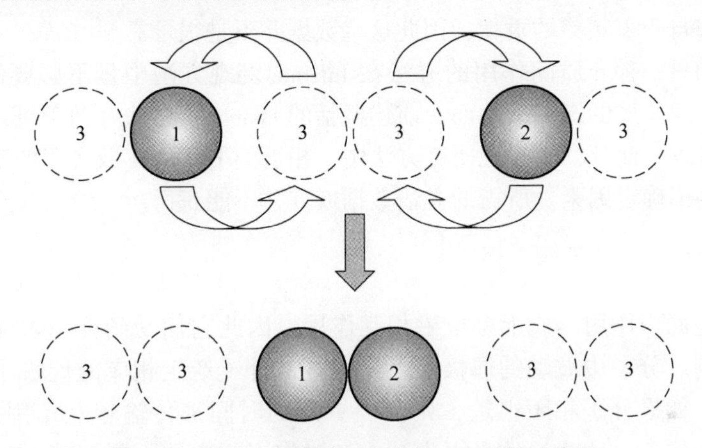

图 4-4 颗粒 1 和颗粒 2 在介质 3 中的相互作用

（在两个颗粒靠近的过程中，等体积的介质被替换。此过程中涉及 1 个 3-3、1 个 1-3 和 1 个 2-3 相互作用的消失和 2 个 3-3 和 1 个 1-2 相互作用的产生。这个推理引出了方程（4-14））

按照方程（4-13）的“几何平均数”假设，A_{132}表达式如下：

$$A_{132}=(A_{11}^{1/2}-A_{33}^{1/2})(A_{22}^{1/2}-A_{33}^{1/2}) \tag{4-15}$$

如果同种物质 1 与介质 3 相互作用，其对应的表达式如下：

$$A_{131}=(A_{11}^{1/2}-A_{33}^{1/2})^{2} \tag{4-16}$$

上述方程说明同种物质在另外一种介质中相互作用的 Hamaker 常数总为正（即引力）。然而对于不同的物质，方程（4-15）表明在某些条件下 Hamaker 常数可为负，即存在范德华斥力。当 A_{33}介于另外两个值之间（例如 $A_{11}<A_{33}<A_{22}$）时，会发生上述情况。这种情况可能会出现在非水体系中，因为水的 Hamaker 常数比其他物质低（见表 4-1），所以水体系中的范德华相互作用总是引力。

方程（4-15）和方程（4-16）表明，复合 Hamaker 常数取决于水的和其他介质的 Hamaker 常数平方根的差异。这意味着，Hamaker 常数在水和其他介质中的数值要明显小于真空。同样地，对于水分散体系，当颗粒间的 Hamaker 常数值

A_{11}与水 Hamaker 常数值 A_{33}相差不大时，则复合 Hamaker 常数值 A_{131}极大地受水的零频率影响。

方程（4-13）中的几何平均数假设只适用于 Hamaker 常数的色散分量，而不适用于零频率，因此当中间介质为水时，方程（4-15）等表达式将不再适用。解决这个问题的简单方法是仅以光学色散数据计算复合 Hamaker 常数，然后在最终结果中添加零频率。然而，由于零频率随离子强度的增加而减小，Hamaker 常数较低时，仍然存在着不确定因素。

对于水体中的颗粒，Hamaker 常数的大概范围是（0.4～10）$\times 10^{-20}$J。金属颗粒的 Hamaker 常数较大，但是在天然水中并非如此。而对于该范围末端较低的值，主要来自于零频率的贡献，因此这些数据并不是很可靠。

处理和另一种介质间作用的方法在 Lifshitz 宏观方法中是不必要的，Lifshitz 方法包含中间介质的影响。然而，前述概括的 Hamaker 方法有助于更好地理解潜在的物理原理。此外，在宏观研究方法中，相近的 Hamaker 数之间的微小差异也会产生一些不确定因素。所需的光谱数据或许并不能获得。

4.2.5 阻滞

由于范德华作用本质上是电磁相互作用，因此它们受到称为阻滞的相对论效应的影响。分子中波动的偶极子会诱发其他分子产生相应的偶极子，从而产生吸引力。如果分子相距很远，则需要一定的时间来传输相互作用，实际上，波动存在相位差，这将导致吸引力减小和对作用距离的不同依赖。当分子间距离较远且相互作用“完全停滞”时，见方程（4-4），相互作用能是 $1/r^7$ 而不是 $1/r^6$。然而，若作用距离足够远，分子间作用力则可忽略不计，阻滞对它的影响很小。

宏观物体间的阻滞会显著降低范德华引力。虽然在宏观理论中已经包含了这个影响，但可以通过修正的简化 Hamaker 方法来解释这种阻滞现象。许多情况下，可以采用经验校正因子。对于球形颗粒间的作用，校正因子可用于方程(4-9)：

$$V_A = -\frac{A_{12}}{12h}\frac{d_1 d_2}{(d_1 + d_2)}\frac{1}{(1 + 12h/\lambda)} \tag{4-17}$$

式中，λ 指色散相互作用的特征波长，通常可以假定为 100nm 数量级。

通过更精确的计算表明方程（4-17）与实验结果是一致的，即使是纳米级的作用距离，也存在显著的阻滞效应。当作用距离为 10nm 时，相互作用能小于无阻滞效应时的一半。

因此，对于球形颗粒，如果直接使用简化的 Hamaker 表达式，见方程(4-17)，将会造成范德华引力的偏高，主要原因如下：

（1）从几何原因看，如果 h/d 超过 0.01，则方程（4-17）计算的结果偏高，如图 4-3 所示。

（2）当 h 超过 1nm，则阻滞效应会显著减小。

即使可获得可靠的 Hamaker 常数，也会出现上述问题，但情况并非总是如此。

4.3 双电层作用

4.3.1 基本假设

从第 3 章可以看出，水体中大多数颗粒表面都带电荷，并具有双电层。当水体中两个带电的颗粒相互靠近时，双电层的扩散部分发生重叠并产生相互作用。带相同电荷的颗粒间会产生静电排斥力，这正是多数情况下胶体稳定性的原因。对该问题的详细介绍超过了本书的范围，本书只做简要介绍。然而，对于水体中的颗粒而言，我们的假设通常是合理的。

最重要的假设是带电颗粒间相互作用取决于 Zeta 电位 ξ，而不是真实界面电位 ψ_0。认为电动电势或者 Zeta 电位和 Stern 电位 ψ_δ 相近。实际上假设电势为 ξ 的电动剪切面和 Stern 面一致。

上述假设有以下优点：

（1）Zeta 电位在许多情况下可以直接通过实验方法得到；

（2）Zeta 电位远低于表面电位，一些有用的近似值更容易被接受；

（3）双电层相互作用主要取决于颗粒周围的扩散层，因此 Zeta 电位比表面电位更有意义。

双电层理论涉及两个限制条件：恒定电位和恒定电荷。此前，假设当表面相互接触时表面电位 ψ_0 保持不变。当表面电位由势能确定离子和能斯特方程（见式（3-1））所控制时，此假设合理。然而，由于颗粒碰撞速度非常快，因此平衡条件不可能保持不变，人们就会对恒定电位的假设产生怀疑。

若颗粒带有固定数量的电荷，则表面电荷密度恒定，那么恒定电荷的假设看起来似乎是合理的。然而，当表面非常接近时，这样的假设不再合理。

人们普遍认为恒定电势和恒定电荷的假设是两种假设的极端，他们认为某些中间状态更合理。这里采用近似的表达式给出两种极端情况下的结果，这在解决实际问题时更容易被接受。

首先处理带电层状颗粒间作用，通过 Deryagin 近似（见第 4.1.3 节）可以得到两个相互接近的球形颗粒之间的表达式。假设电位很低（低于 50mA），相当于水体颗粒的 Zeta 电位。另一个假设是，体系仅含对称的（z-z 型）电解质，例如 NaCl 和 $CaSO_4$，否则方程难以处理。

4.3.2 层状颗粒与球形颗粒间作用

考虑两个 Zeta 电位分别为 ξ_1 和 ξ_2 的层状颗粒，假设电位值很低，将其浸入对称的 z-z 型电解质溶液中。如果层状颗粒间距很大，根据方程（3-3），溶液中层状颗粒附近的电位分布将不受其他层状颗粒影响并呈指数下降。然而，层状颗粒接近时，颗粒间产生相互作用，层状颗粒间的电位分布形式如图 4-5 所示，图中显示距离层状颗粒一定距离处具有最小电位。

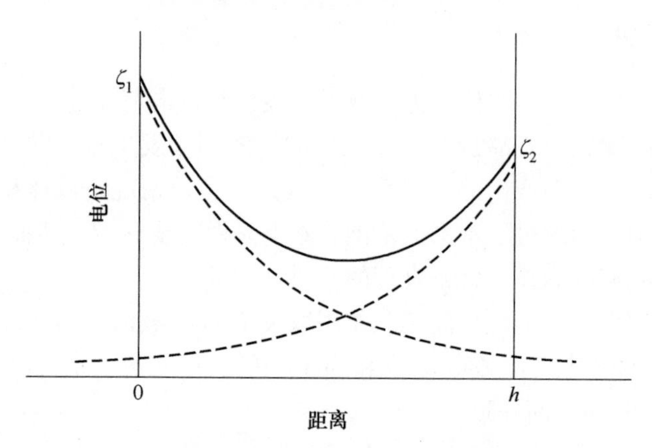

图 4-5　实线表示具有不同 Zeta 电位的层状颗粒在线性叠加近似值（LSA）下的电位分布图

（虚线表示孤立层状颗粒的电位变化，假设层状颗粒间的电位是两个互不影响颗粒电位的总和）

假设层状颗粒间的电势很低，单位面积上的相互作用力可以用式（4-18）表示：

$$P = n_0 k_B T\left[y^2 - \frac{1}{\kappa^2}\left(\frac{dy}{dx}\right)^2\right] \tag{4-18}$$

式中，n_0 是单位体积阳（阴）离子摩尔浓度；κ 是方程（3-4）中定义的 Debye-Hückel 参数；y 是电位的无因次形式，定义如下：

$$y = \frac{ze\psi}{k_B T} \tag{4-19}$$

式中，z 指离子的价态；e 指电子电荷；ψ 是层状颗粒间到某颗粒距离为 x 点处的电位。

方程（4-18）和其他的近似表达式只对 $y<2$，或者电势小于 50mA 的 1-1 型电解质成立。

方程（4-18）括号内第一项是渗透压，当扩散层相互重叠时，扩散层反离子浓度比层状颗粒表面高，因而产生了渗透压。括号内第二项是 Maxwell 应力，它的值取决于电位梯度。由于层状颗粒间各处压力相同，因此很容易确定电位值最低面。电位最低处电位梯度为零，并且不存在 Maxwell 应力，作用力可以根据渗透压项进行计算：

$$P = n_0 k_B T y_{min}^2 \tag{4-20}$$

假设最小值区域的电位是单层层状颗粒贡献的总和（见图 4-5）。这称为线性叠加近似值（LSA），由此引出层状颗粒间相互作用表达式：

$$P = 2\varepsilon\kappa^2\zeta_1\zeta_2\exp(-\kappa h) \tag{4-21}$$

式中，ε 是水的介电常数。

对应的相互作用势能表达式如下：

$$V_E = 2\varepsilon\kappa\zeta_1\zeta_2\exp(-\kappa h) \tag{4-22}$$

式中，V_E 项表示静电相互作用。

方程（4-22）的基本特征是：相互作用取决于层状颗粒 Zeta 电位的乘积，并与颗粒间距离呈指数关系。指数项包含 Debye-Hückel 参数 k。当 k 值较高时（如在高浓度盐中），相互作用范围相当短，并随距离增加迅速衰减。盐浓度较低时，k 值较小，相互作用的范围变宽，这对于胶体稳定性而言非常重要。对于相同符号的 Zeta 电位，V_E 是正值，相互作用总是相斥，若两颗粒的 Zeta 电位符号相反，则为吸引。

两个间距为 h，直径为 d_1 和 d_2，Zeta 电位分别为 ζ_1 和 ζ_2 的球形颗粒间相互作用能，可以由 Deryagin 方法（见第 4.1.3 节）得到：

$$V_R = 2\pi\varepsilon\zeta_1\zeta_2\frac{d_1 d_2}{d_1 + d_2}\exp(-\kappa h) \tag{4-23}$$

对于球形颗粒-层状颗粒体系（$d_2 = \infty$）

$$V_R = 2\pi\varepsilon\zeta_1\zeta_2 d\exp(-\kappa h) \tag{4-24}$$

关于双电层作用，尽管有其他更详细的阐述，但本节给出的表达式近似合理，足以讨论胶体稳定性。

4.4 交互作用-DLVO 理论

4.4.1 势能图

假设颗粒间范德华和双电层作用具有可加性，据此可以对胶体颗粒的稳定性进行定量处理。这种方法最初由莫斯科的 Deryagin 和 Landau，以及荷兰的 Verwey 和 Overbeek 研究小组提出。他们的共同努力以 DLVO 理论命名，现在已被广泛使用。

将前述范德华力和静电相互作用的简单表达式用在直径为 d，Zeta 电位为 ζ 的等径球体上，得出总相互作用能 V_T 的表达式：

$$V_T = \pi\varepsilon\zeta^2 d\exp(-\kappa h) - \frac{Ad}{24h} \tag{4-25}$$

对于 V_E 和 V_A，右侧项分别来自方程（4-23）和方程（4-9），其中 $d_1=d_2=d$ 且 $\zeta_1=\zeta_2=\zeta$。由于所做的假设，该表达式仅适用于 ξ 值较低、作用距离较小（$h \ll d$）、作用距离处（$h<5\text{nm}$）阻滞作用较弱的情况。尽管有限制条件，但方程（4-25）用作讨论 DLVO 理论仍是可行的。

图 4-6 显示了直径为 1μm 的球形颗粒间总相互作用能随作用距离 h 的变化规律。假设电解液浓度为 50mmol/L 的 1-1 型电解液；Zeta 电位为 25mV，Hamaker 常数是 $2k_BT$（大约 8.2×10^{-21}J），这些值为水体系颗粒的典型值（见表 4-1）。相互作用能也以 k_BT 为单位表示。

图 4-6 是典型的势能图，对于解释胶体稳定性非常重要。图中最明显的特征是具有非常高的能量势垒，高度约为 $80k_BT$。相互靠近颗粒的能量必须超过能量势垒才能互相接触。势垒高度比颗粒的平均热能（$3/2k_BT$）高出很多，因此碰撞的胶体颗粒不可能超越这个势垒。换句话说，在此条件下的悬浮液将是胶体稳定的。

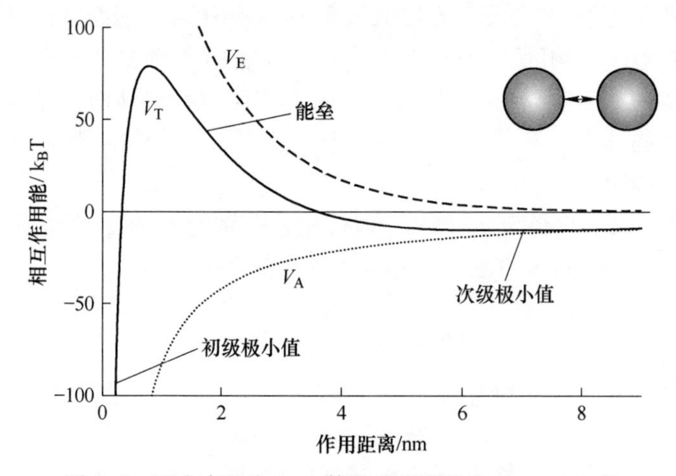

图 4-6 两个直径为 1μm 等径球形颗粒在 50mmol/L 的 1-1 电解质溶液中相互作用的势能图

（假设颗粒的 Zeta 电位为 25mV，Hamaker 常数是 $2k_BT$。图中曲线包括静电作用能（V_E），范德华作用能（V_A）和总相互作用能（V_T））

若颗粒能够克服潜在的能量势垒，颗粒将处于极小值位置。根据方程（4-25），当 h 逐渐趋于零时，静电排斥力接近于一个常数（因为 $\exp(0)=1$），范德华引力趋于无穷。实际上短程排斥力（至今未被讨论）会阻碍颗粒之间的接触，尽管吸引力比静电斥力大很多，但吸引力仍是有限的。

另一个重点是，在较大的作用距离处存在二级极小值，这是由于两种类型的相互作用取决于作用距离。双电层斥力随着距离的增大呈指数下降，而范德华引力与作用距离成反比。由此可见，当作用距离足够大时，吸引力大于排斥力，因此出现了二级极小值。这个极小值是否与热力学能显著相关取决于粒径大小和离子强度，因此也决定了 k 值和斥力的范围。通常对于大约 1μm 或更大的颗粒尺寸和适当的离子强度，二级极小值有几个 k_BT，因此足以将颗粒聚集在一起。在某些实际情况下，这种效果可能非常重要。

4.4.2 离子强度的影响——临界聚沉浓度

随着盐浓度和离子强度的变化，Zeta 电位和 Debye-Huckel 参数 κ 发生变化。假设 Zeta 电位不变，且与离子强度无关。离子强度仅影响 κ，它通过方程（4-25）中指数项决定了静电斥力的排斥范围。这种效应称为双电层压缩，如图 4-7 所示。在低离子强度时，颗粒周围的扩散层变厚，阻止颗粒进一步接触。随着盐浓度的增加，扩散层变薄，在排斥力起作用之前颗粒可以互相靠近。靠近过程中，范德华引力可能显著高于静电斥力。

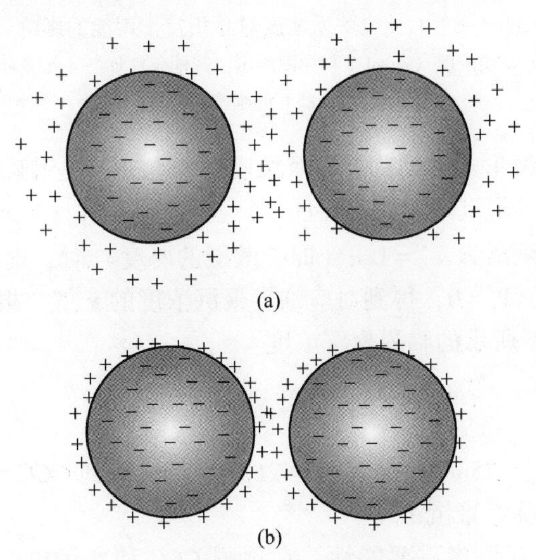

图 4-7 离子强度对双电层作用范围的影响
（a）低盐浓度；（b）高盐浓度

1-1 电解质在不同电解质浓度的势能曲线如图 4-8 所示，其中电解质浓度为 50~400mmol/L。其他的条件与图 4-6 相同。随着盐浓度的增加，势垒降低，最大值左移。这是由于 κ 增加导致在给定的作用距离处静电斥力降低。在临界浓度（本例中是 196.6mmol/L）时，最大值出现在 $V_T=0$ 处。在经典的 DLVO 理论中，这被认为颗粒完全失稳的盐浓度，称为临界聚沉浓度（*CCC*）。从图 4-8 可以看出，在临界聚沉浓度下，存在二级极小值，使颗粒必须克服 $25k_BT$ 的势垒才能在初级极小值时实现接触。在大约 400mmol/L 的盐溶液中，能垒几乎消失。颗粒达到初级极小值的过程中不受任何阻碍。对于更小的颗粒，在 *CCC* 下二级极小值变小，颗粒容易越过势垒达到初级极小值。

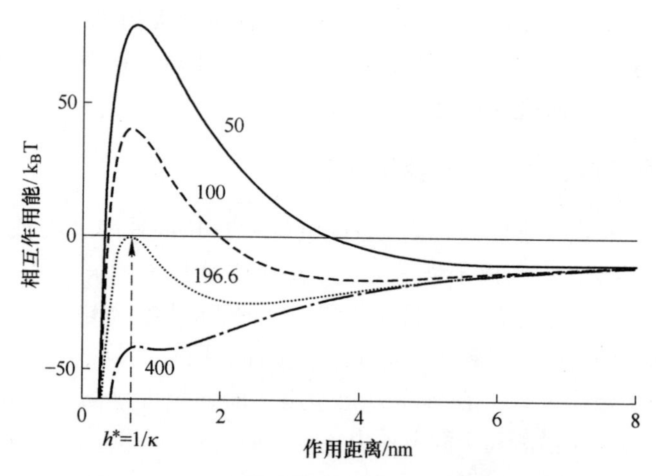

图 4-8 1-1 电解质浓度对总相互作用能的影响
（电解质浓度（mmol/L）如图所示，其他条件如图 4-6 所示，
该数值适合于 25℃的水溶液分散体系）

图 4-8 中的曲线形式说明临界聚沉浓度的概念并不是明确的。然而，就其他参数来说，建立临界聚沉浓度是必要的。只需要确定 $dV_T/dh=0$ 和 $V_T=0$ 时的条件。明显地，作用距离为 $h^*=1/\kappa$（即扩散层的厚度）时，出现最大值。将 h 代入方程（4-25），令 $V_T=0$，得到对应临界聚沉浓度的 κ 值。根据方程（3-4）中 κ 的定义，得到如下所示的临界聚沉浓度：

$$CCC = 3.14 \times 10^{-35}\frac{\zeta^4}{z^2A^2} \tag{4-26}$$

假设表达式中 $\zeta=25\text{mV}$，$z=1$，$A=2k_BT$，计算得到 $CCC=196.6\text{mmol/L}$。其对应于图 4-8 中的临界聚沉浓度。

方程（4-26）有许多重要特性。它预测 CCC 和离子电荷 z 的平方成反比。换句话说，相比 1-1 电解质，2-2 电解质的 CCC 降低 4 倍（在图 4-8 的条件下约是 50mmol/L）。若双电层其他表达式被采用，并且不限低电位，那么 CCC 与 $1/z^6$ 成正比。然而，这仅适用于表面 Zeta 电位较高的情况。当 Zeta 电位低于 30mV 时，应用方程（4-26），颗粒会发生聚沉，这显然是不切实际的。

人们早就知道临界聚沉浓度主要取决于离子电荷（特别是反离子电荷），并与 $1/z^6$ 成正比，这被称为 Schulze-Hardy 规则。然而，在实验中这种现象并不常见。在一些情况下，发现 CCC 与 $1/z^3$ 成正比，所以 2-2 型电解质的 CCC 将比 1-1 型电解质大约低 10 倍。到目前为止讨论的只是惰性电解质，它通过对离子强度和 Debye-Hückel 常数 κ 的影响起作用。对于反离子的特异性吸附（第 3.1.4 节）没有考虑，这可能是多价离子。这将在第 4.4.3 中进一步讨论。

方程（4-26）中，CCC 与 Hamaker 常数的平方成反比，与 Zeta 电位的四次方成正比。

改变盐浓度的同时也必然会引起 Zeta 电位的变化。一般而言，随着惰性电解质浓度的增加，其 Zeta 电位减小，如图 3-6 所示。若颗粒的表面电荷密度 σ 是已知的，颗粒表面的 Zeta 电位和盐浓度（通过参数 κ）可以通过方程（3-7）计算获得。由式（4-27）可知：

$$\zeta = \frac{\sigma}{\varepsilon\kappa} = \frac{\sigma}{2.28z\sqrt{c}} \tag{4-27}$$

对于层状颗粒表面，当扩散层很薄（$d \gg 1$）时，此假设合理。假设电荷密度保持恒定，与盐浓度无关。在许多情况下这是可以接受的，但通常不是有效的。然而，如果将 σ 视为常数，方程（4-27）可用于计算 Zeta 电位随盐浓度的变化关系。假定表面电荷为 30mC/m^2（或者每 5nm^2 表面上带有 1 个元电荷）时，其 1-1、2-2 及 3-3 电解质的计算结果如图 4-9 所示。Zeta 电位随着盐浓度和离子电荷的增加而降低。

由方程（4-26）可知，对于给定的盐浓度，可以计算颗粒完全失稳的临界电位 ζ^*。在较高离子强度下，双电层排斥范围降低，且需要更高的 ζ 电位来维持胶体稳定性，所以 Zeta 电位随着盐浓度的增加而增加。相反，在低离子强度下，扩散层变宽并且较低的 ζ 电位也能提供所需的排斥力。ζ^* 随着盐浓度的变化如图 4-9 所示。

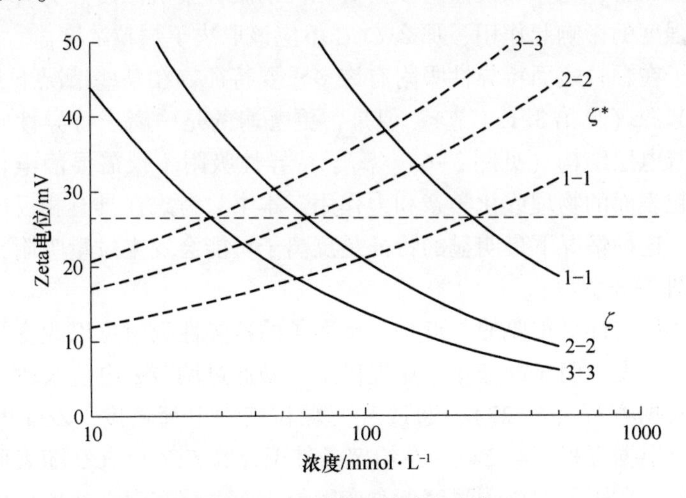

图 4-9 ζ^* 随着盐浓度的变化

（实线表示具有恒定表面电荷（30mC/m^2）颗粒的 Zeta 电位随惰性 z-z 电解质浓度的变化，由方程（4-25）得出；曲线表示电解质类型；虚线表示如图 4-8 所示，假设颗粒粒径相同，Hamaker 常数相同，通过方程（4-24）计算的临界 ζ^* 电位。直线与虚线的交点表示颗粒完全失稳时的临界盐浓度和 Zeta 电位（数值适用于 25℃ 的水溶液分散体系））

因此，随着离子强度的增加，ζ^* 增加，颗粒的实际 Zeta 电位降低。由此得出，在一定的盐浓度（临界聚沉浓度）下，两条线相交。在这个浓度下，$\zeta=\zeta^*$。从图 4-9 可以看出，对于所有的盐而言，其临界 Zeta 电位是相同的，与 z 无关。在所有情况中，ζ^* 约为 26.5mV。该值也可以从临界 Zeta 电位的表达式导出，通过结合方程（4-26）和方程（4-27）来获得。

$$\zeta^* = 4.22x10^5(\sigma A)^{1/3} \tag{4-28}$$

目前只有一部分实验数据可以说明 ζ^* 与 z 无关，但也有许多数据不能支持这一结论。关于该结论的假设，尤其是表面电荷密度恒定时，可能不适用于所有情况，因此不应将与电解质类型无关的临界 Zeta 电位作为常用判断标准。

即使 Zeta 电位随离子强度发生变化，由方程（4-26）可知，临界聚沉浓度仍取决于 $1/z^2$。当 *CCC* 取决于反离子价态时，可能涉及某些形式的特定吸附。

4.4.3 特定反离子吸附

前述关于盐效应的讨论都是针对惰性电解质而言，其以非特异性方式作用来降低颗粒表面 ζ 电位和扩散层的“厚度”。在一定作用距离处，这些效应能够降低颗粒间双电层排斥。虽然离子电荷（特别是反离子电荷）对双电层排斥的影响较大，但该理论表明离子电荷对双电层排斥的影响仅取决于离子价态。因此，对于胶体颗粒而言，钙盐和镁盐应该具有相同的临界聚沉浓度。另外，如果盐仅通过对离子强度的影响起作用，那么 *CCC* 不应该取决于颗粒浓度。

关于离子在颗粒表面特异性吸附有许多重要特征。在某些情况下，这可能是表面电荷的起源（见第 3.1.4 节）。但是，更普遍的是，离子特异性吸附可能会显著地改变双电层结构（见图 3-6）。离子特异性吸附不仅需要静电作用，还需要离子对颗粒表面的物理或化学亲和力作用。本书只考虑在具有相反电荷表面上的离子吸附。这种情况下最明显的特征是反离子可能会发生过量吸附，从而使电荷反转，如图 3-6 所示。

关于胶体稳定性最重要的一点是，反离子的特异性吸附可以改变颗粒表面电荷而离子强度不发生明显的变化。这提供了一种通过调节 ζ 电位来改变胶体稳定性的方法。根据方程（4-27），通过改变颗粒表面电荷密度，Zeta 电位发生变化。然后可以根据方程（4-24），在给定条件下计算 *CCC*。*CCC* 随表面电荷降低而降低。另外，在固定的离子强度下改变颗粒表面电荷密度直到 Zeta 电位达到临界值，从而使颗粒完全失稳。图 4-10 显示 1-1 电解质的临界浓度随表面电荷密度变化情况，对于给定的离子强度，在临界电荷密度处，颗粒完全失稳。

显而易见，随着盐浓度增加，存在更宽范围的电荷密度导致颗粒完全失稳。从盐浓度为 0.01mol/L 的带负电颗粒开始，加入少量含有特异性吸附的阳离子盐。这将减少颗粒表面电荷，到电荷密度约 $-2.6mC/m^2$ 时颗粒完全失稳。若继续添加特异性吸

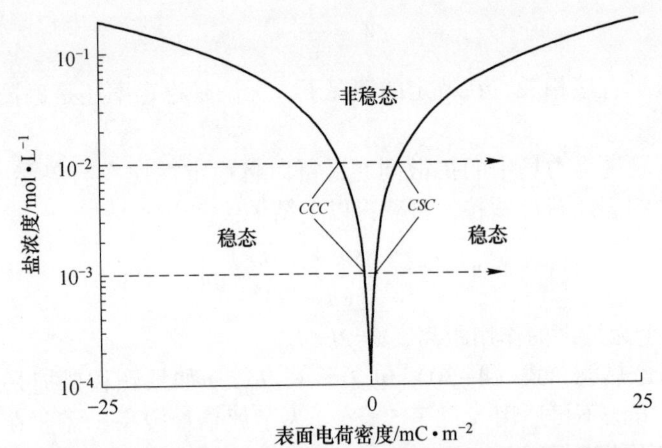

图 4-10 不同的盐浓度下，电荷密度对胶体稳定性的影响

（聚沉只在一定的电荷密度范围内发生，随着离子强度的增加，电荷密度增加）

附的阳离子盐，颗粒表面的电荷被中和进而反转。当电荷密度达到+2.6mC/m² 时，颗粒之间的静电斥力足以再次使颗粒稳定。这称为临界稳定条件（*CSC*）。

在离子强度降低 10 倍（10^{-3}mol/L）的情况下，表面电荷密度为 ±5mC/m² 才会导致颗粒完全失稳。这与某些混凝剂的作用密切相关（见第 6 章），因为天然水的典型离子强度在 10^{-3}~10^{-2}mol/L(1~10mmol/L) 范围内。在更高的盐浓度下，去稳定化范围变宽，几乎在任何电荷密度下都会发生颗粒聚沉。

目前，没有简单的方法可以将电荷密度降低与加入的特定离子吸附量相关联。在这种情况下，通常假定是定量吸附，即添加的所有离子均被吸附（至少达到电荷中和点）。添加剂的量与电荷密度减少量呈线性关系，最佳添加量与颗粒的初始电荷密度密切相关。由此得出，在这种情况下，最佳添加量与颗粒浓度成正比，这与惰性电解质中的行为明显不同。

4.4.4 稳定率

目前为止，仅考虑当势能曲线达到最大值 $V_T=0$ 时的完全失稳状态如图 4-8 所示。撇开二级极小值，这点通常被认为是颗粒聚集率达到最大值的位置（即每次碰撞都会导致附着），这称为快速聚集，与绝对速率无关。然而，即使存在能量势垒，仍有一定比例的颗粒有足够的动能克服能垒，从而使一些碰撞是有效的。

聚集动力学的问题将在第 5 章中讨论，目前，只需要考虑布朗扩散影响下的相对聚集率。因为当颗粒完全失稳时聚集率达到最大值，所以当颗粒仅部分失稳时，有较低的聚集速率。最快聚集速率与部分不稳定悬浮液聚集速率的比率称为稳定性比率 W。等效概念是碰撞效率 α，即碰撞导致颗粒黏附的比率。根据这些定义，可以得出：

$$W = \frac{1}{\alpha} \tag{4-29}$$

由于这些量直接相关，在特定的情况下，无论是稳定率还是碰撞效率是非常方便的。

通过将问题视为力场中的扩散问题，可以将稳定性比率与势能图联系起来。对于直径为 d 的等径球形颗粒，可获得以下结果：

$$W = 2\int_0^\infty \frac{\exp(V_T/k_B T)}{(u+2)^2}du \tag{4-30}$$

式中，u 是一个无量纲的作用距离，$u=2h/d$。

因为只考虑热能，式（4-30）包含了 $V_T/k_B T$。如果颗粒碰撞是由流体流动引起的，这种方法不再适用（见第 5 章）。为了评估稳定率，需要在整个作用范围内对相互作用能进行积分。然而，事实证明，对积分最大的贡献来源于势能曲线 V_{max} 的最大值区域。根据 V_{max} 可以粗略估算稳定率。当能垒为 $5k_B T$、$15k_B T$ 和 $25k_B T$ 时，稳定率大约分别为 40、10^5 和 10^9。当溶液浓度较低时，悬浮液聚集速率不高，因此当悬浮液浓度减少 10^9，对颗粒稳定性影响可以忽略。

考虑到惰性电解质对稳定率的影响，结合 DLVO 理论及一些简单的假设，图 4-11 表明稳定率取决于盐浓度。$\lg W$- $\lg C$ 的图中显示两个线性区域。在临界聚集浓度之上，$W=1$，$\lg W=0$。在较低浓度下，$\lg W$ 与 $\lg C$ 呈线性降低。且线的斜率取决于 Zeta 电位、粒径及反离子的价态。然而，虽然实验结果符合线性关系，但是其斜率与预测结果不太一致。有几种可能的解释，包括二级极小值效应、表面电荷分布不均匀以及颗粒间的水合作用。由于这些不确定的因素，无法进一步讨论 W 随盐浓度的变化。绘制 $\lg W$-$\lg C$ 图的原因是其提供了一种确定 CCC 简便方法，即两线相交处即为 CCC。

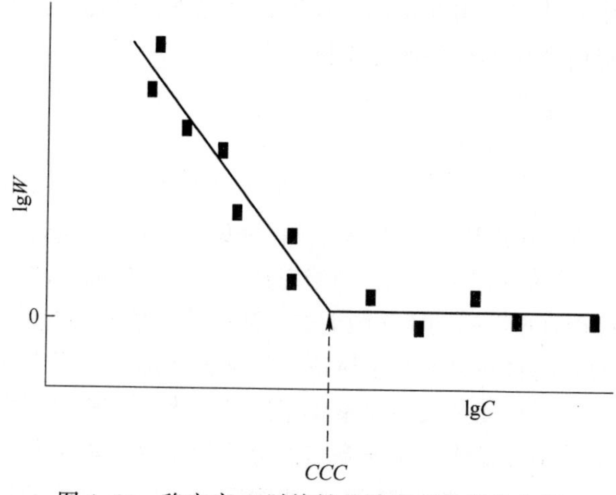

图 4-11 稳定率 W 随惰性盐浓度 C 的变化曲线

（对数曲线上的交点表示临界聚沉浓度）

4.5 非 DLVO 相互作用

前述关于胶体稳定性的讨论只是范德华作用力和双电层排斥方面。这些都包含在经典的 DLVO 理论中。颗粒间所有其他可能的相互作用统称为“非 DLVO 相互作用”。将在接下来的章节简要介绍。

4.5.1 水合效应

由于各种原因，水分子在颗粒表面附近的性质与体相不同。因为大多数颗粒表面带有电荷和离子基团，这些基团会产生水合效应。一些颗粒，尤其是生物来源的颗粒，表面具有各种类型的亲水性物质，例如蛋白质和多糖。这些颗粒带有大量的“结合水”，对颗粒间相互作用有重要影响。

与双电层排斥不同，具有水化效应的两个颗粒接触通常会受额外排斥力阻碍。若颗粒间发生接触，需要破坏颗粒表面溶剂化层，导致颗粒间产生排斥作用。此过程涉及做功，因此增加了系统的自由能。

直接测量负电颗粒表面相互作用力表明，当盐浓度高于 1mmol/L 时，由于水合阳离子的吸附，这种额外的排斥力非常明显。排斥力随反离子的水合程度（$Li^+ \approx Na^+ > K^+ > Cs^+$）增加，并在 1.5~4nm 的范围内呈指数下降，衰减长度约为 1nm。

与双电层排斥的范围相比，水合排斥力范围更大，且会对胶体稳定性产生影响，尤其在高离子强度下。水合效应可以控制胶体稳定性，并能对某些异常结果做出合理解释。

4.5.2 疏水引力

当颗粒表面没有极性、离子基团或氢键结合位点时，该表面对水分子没有亲和力，称这样的表面为疏水表面。水在疏水表面附近的性质与体相水显著不同，因为体相水分子由于分子间氢键紧密联系，这意味着分子间可以形成相当大的水分子团簇，尽管它们是瞬态的，并随热能波动而不断地形成和分解。两个疏水表面间隙中的水分子很难形成一定尺寸的水分子团簇。对于更窄的间隙，这可能是重要的限制因素并会导致水分子的自由能增加。换言之，疏水性表面间存在吸引力。疏水表面力测量实验表明疏水吸引力比范德华引力更强并且范围更广。然而，有一些证据表明，在这些测量中，溶解的气泡可能起重要作用，附着在疏水表面上的小气泡可以提供显著的额外吸引力。

对水体系中分散颗粒而言，表面可能具有一定程度的疏水特性。颗粒间疏水吸引力是长程力，并在颗粒聚集中起重要作用。在胶体稳定性层面，对于疏水作用的研究较少，而且疏水作用的范围尚不清楚。有证据表明，除去水中溶解的气泡，可以减少颗粒间的疏水作用力，这进一步说明小气泡的存在对颗粒间疏水作用力的影响，这称为“油团聚”，此过程取决于颗粒间的疏水性。在矿物浮选过程中，气泡附着对疏水相互作用至关重要，并且受疏水相互作用控制。

4.5.3 空间位阻

吸附层，尤其是聚合物吸附，在胶体稳定中起重要作用。某些情况下，少量吸附的聚合物可通过“桥联”作用促进絮凝。对于吸附量较大的情况，聚合物由于空间位阻效应增强胶体稳定性。最有效的稳定剂是对表面具有一定亲和力但以聚合物链延伸进入水相方式吸附的聚合物。最简单的情况是末端吸附的嵌段共聚物，其具有一些在颗粒上强烈吸附的链段和延伸到水相的亲水链段。这些聚合物形成图 4-12 所示的吸附层，可以显著提高胶体稳定性。水分散体系的典型实例是非离子表面活性剂，具有提供吸附部分（通过疏水相互作用）的烃链和亲水性“尾部”。

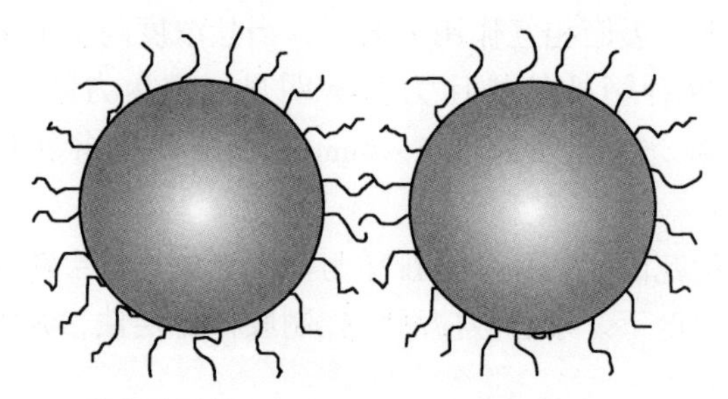

图 4-12 聚合物链作为吸附层的颗粒间空间相互作用示意图

颗粒的稳定作用可以用简单的术语来描述。颗粒靠近时，吸附层发生接触，导致部分亲水链之间相互渗透。由于聚合物链被水合，层的重叠使体系脱去结合水，从而增加体系自由能和颗粒间排斥作用。假设一旦吸附层开始重叠，排斥力变得无限大，但颗粒间距离较大时排斥力为零。

假设吸附层的有效 Hamaker 常数非常低，且层间范德华吸引力可忽略不计。这种情况下，吸附的聚合物可以通过颗粒间距离来调控颗粒间的吸引力。然而，颗粒间的接触可能形成相当弱的聚集体，因此很容易被剪切力破坏。吸附层的厚度是决定空间位阻程度的最重要因素。由于范德华力与颗粒粒径大小成正比，对于相同的胶体稳定性，较大的颗粒需要更厚的稳定层。

空间位阻效应是普遍存在的现象，在早期的胶体文献中常称为“保护胶体”。一个典型的例子就是由 Michael Faraday 发现的金溶胶凝胶的稳定性，这种在古代无意间被开发的效应，目前已经被应用到墨水和其他颜料的制备中。

在水环境中，大多数颗粒吸附天然有机物，如腐殖酸，对胶体行为有重要影响。微生物产生细胞外聚合物，其不但可以吸附，并且对生物系统中的颗粒相互作用具有重要影响。这些天然聚合物和有机物质通常是弱酸，在中性 pH 值下是阴离子。大多数天然水生胶体具有较低的 Zeta 电位，其主要原因是由于这些阴离子物质的吸附。基于 Zeta 电位和离子强度，这种胶体的稳定性更高，并且空间位阻起着重要作用。总之，腐殖酸可以提高无机胶体的稳定性，但也导致水处理过程中混凝剂用量的增加。

4.5.4 聚合物桥联

长链聚合物通常以图 4-13 所示的方式吸附在颗粒上，并且随着吸附量的增大，会导致空间位阻效应。对于吸附量较少的聚合物而言，吸附的聚合物连接两个或更多的颗粒，从而通过“桥联”作用将它们连接在一起。这种方式下，尽管颗粒间具有静电排斥作用，颗粒仍能够形成聚集体。起初，人们称这种效应为“敏化”，现在被广泛用在工业上。

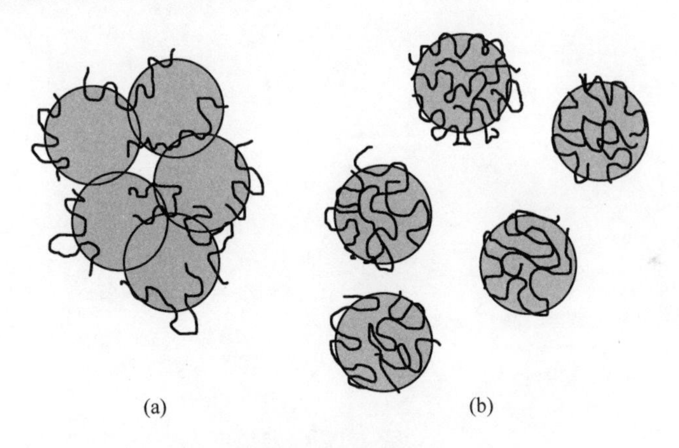

图 4-13 桥联絮凝和吸附聚合物链的再稳定
（a）桥联絮凝；（b）吸附聚合物链的再稳定

对于聚合物桥联，颗粒要有足够的空位表面使聚合物链段能连接到其他颗粒，聚合物桥联距离应该达到能够跨越颗粒间的排斥作用的程度。通常，最有效的桥联絮凝是具有非常高的相对分子质量（数百万）的线性聚合物，可以形成延长的环和尾部，增加了黏附到其他颗粒的可能性。此外，对于有效絮凝存在最佳剂量范围。在较低剂量下，聚合物不足以在颗粒间形成足够的桥联连接。对于过量的聚合物，没有足够裸露的颗粒表面来进行黏附，从而使颗粒稳定，此过程可能涉及空间排斥作用。图 4-13 显示了吸附聚合物对颗粒的絮凝和再稳定。桥联絮凝产生絮凝能力远强于通过加入可溶性盐产生的作用（即减少静电斥力）。高分子絮凝在第 6 章中进一步讨论。

延伸阅读

1. Churaev N V. The DLVO theory in Russian colloid science, Adv. Colloid Interface Sci. , 83, 19, 1999.

2. Hunter R J. Introduction to Modern Colloid Science, Oxford University Press, Oxford, 1993.

3. Israelachvili J N. Intermolecular and Surface Forces, 2nd Ed. , Academic Press, London, 1991.

4. Ninham B W. On progress in forces since DLVO theory, Adv. Colloid Interface Sci. , 83, 1, 1999.

5. Pashley R M, Karaman M E. Applied Colloid and Surface Chemistry, Wiley, New York, 2004.

5 聚集动力学

5.1 碰撞频率——斯莫卢霍夫斯基（Smoluchowski）理论

大部分关于聚集率的研究大约开始于 1915 年，Smoluchowski 所做的研究为该学科奠定了基础。可以认为初始粒径相等的颗粒（初始颗粒）在经过一段时间聚集后，会形成大小和浓度不同的颗粒聚集体（例如，粒径大小为 i 的颗粒 N_i，粒径大小为 j 的颗粒 N_j）。其中，N_i 和 N_j 是指不同聚集体的数量浓度，“粒径大小”是指组成该聚集体初级颗粒的数目，因此可看作“i 级”和“j 级”聚集体。通常假设聚集是一个二阶过程，该假设认为碰撞频率与两种碰撞颗粒的浓度乘积成正比（在处理三体碰撞问题时，通常忽略聚集作用；当颗粒浓度较高时，该作用不可忽略）。因此，单位时间和单位体积内 i、j 颗粒之间发生的碰撞次数 J_{ij}（碰撞频率）如下所示：

$$J_{ij} = k_{ij}N_iN_j \tag{5-1}$$

式中，k_{ij}是一个二阶速率系数，取决于许多因素，如颗粒大小和传输机制（见本章后面部分）。

就颗粒的聚集率而言，由于颗粒间的相互作用，并非所有的碰撞都能生成聚集体。颗粒碰撞成功的几率称为碰撞效率（请参阅第 4.4.4 节）。如果颗粒之间存在强烈的斥力，就不能碰撞生成聚集体，$\alpha \approx 0$。颗粒间没有明显净斥力或存在吸引力时，其碰撞效率约为 1。

通常假定碰撞效率与胶体相互作用无关，仅取决于颗粒传输。这种基于颗粒间短程作用力的假设是合理的，其作用力范围远小于颗粒粒径大小，所以在这些力发挥作用之前颗粒几乎已经互相接触。然而，如果有长程吸引力存在的情况下，碰撞效率可能会增加，因此 $\alpha>1$。

目前的研究假设每次碰撞都能有效地形成聚集体（即碰撞效率 $\alpha=1$），因此其碰撞率等于聚集率。然后将“k-级”聚集体的浓度变化率表示如下，其中 $k=i+j$：

$$\frac{\mathrm{d}N_k}{\mathrm{d}t} = \frac{1}{2}\sum_{\substack{i+j=k \\ i=1}}^{i=k-1} k_{ij}N_iN_j - N_k\sum_{k=1}^{\infty} k_{ik}N_i \tag{5-2}$$

其中等式右侧两项分别表示大小为 k 的聚集体的“产生”和“破碎”。前一项给出了由任意一对 $i+j=k$ 聚集体碰撞的形成率（例如，“5-级”的聚集体可能由“2 和 3 级”或“1 和 4 级”的聚集体碰撞形成）。第一项中的求和过程对每次碰撞进行了两次计算，因此需乘以系数 1/2。第二项给出了“k-级”聚集体与任何其他颗粒的碰撞率，因为所有这种类型的碰撞都会使聚集体尺寸大于 k。

需要重点指出的是，方程（5-2）只适用于没有聚集体破碎的不可逆聚集。聚集体破碎的情况将在下文进行讨论。

运用方程（5-2）的主要难点在于确定碰撞速率系数 k_{ij} 等的合适数值。在实际系统中，这是一个相当棘手的问题，必须作出合理简化。系数主要取决于颗粒尺寸和颗粒发生碰撞的机制。在实际情况中，三种重要的碰撞机制将在第 5.2 节讨论。

5.2 碰撞机制

颗粒接触所特有的显著方式如下：

(1) 布朗扩散（异向凝聚）。

(2) 流体运动（同向凝聚）。

(3) 差速沉降。

碰撞颗粒输运机制如图 5-1 所示，将在以下各节讨论。

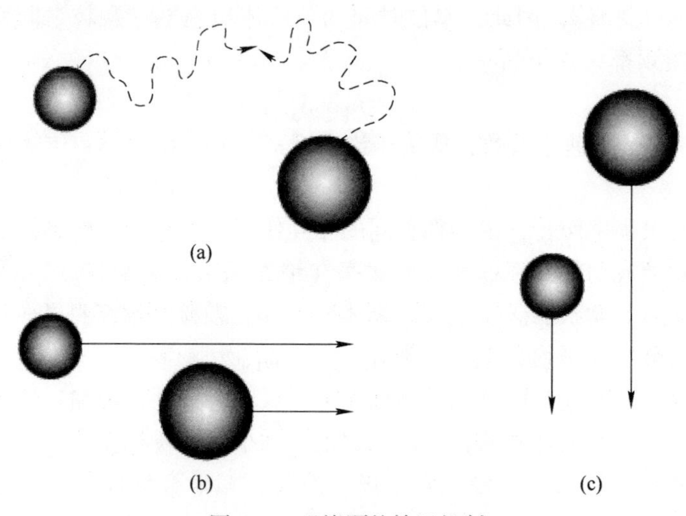

图 5-1 碰撞颗粒输运机制

（a）布朗扩散；（b）流体运动；（c）差速沉降

5.2.1 布朗扩散——异向凝聚

由第 2 章（第 2.3.2 节）可知，由热能引起的水中所有颗粒的随机运动称为布朗运动。因此颗粒间随时都可能发生碰撞，将其称为异向凝聚。很容易计算得到该过程的颗粒碰撞频率。

斯莫卢霍夫斯基通过计算 i 型球体颗粒在固定球体 j 上的扩散速率来解决这个问题。如果每个 i 型颗粒都被碰撞接触球体的中心区域捕获，那么 i 型颗粒会从悬浮体系中有效地去除，并且在球体 j 的径向方向沿浓度梯度处于稳定状态。经过较短时间后即可建立稳态条件，在单位时间内与 j 颗粒接触的 i 颗粒数目如下所示：

$$J_i = 4\pi R_{ij} D_i N_i \tag{5-3}$$

式中，D_i 是由方程（2-27）给出的 i 型颗粒的扩散系数；R_{ij} 是碰撞半径，是相互接触颗粒中心之间的距离。对于短程的相互作用，可以假定碰撞半径为颗粒半径的总和。

此时，在实际悬浮体系中，发生碰撞的中心颗粒位置不固定而且其本身会进行布朗运动。考虑到这一点，对两种颗粒使用相互扩散系数，即单个扩散系数的总和：

$$D_{ij} = D_i + D_j \tag{5-4}$$

如果 j 型颗粒的浓度是 N_j，在单位时间单位体积内 i-j 型颗粒发生碰撞的数目可简化为：

$$J_{ij} = 4\pi R_{ij} D_{ij} N_i N_j \tag{5-5}$$

相比于公式（5-1），式（5-5）给出了异向碰撞率系数。如果假设碰撞半径是颗粒半径的总和，将其代替斯托克斯-爱因斯坦方程（2-28）中的扩散系数，得到结果如下：

$$k_{ij} = \frac{2k_B T}{3\mu} \frac{(d_i - d_j)^2}{d_i d_j} \tag{5-6}$$

对于尺寸相差不大的颗粒而言，公式（5-6）中重要一点在于碰撞率系数几乎与粒度无关。其原因在于 $d_i = d_j$ 时，$(d_i + d_j)^2 / d_i d_j$ 的值为 4，当颗粒直径相差不到 2 倍时此项值变化不大。如果说布朗碰撞率系数与粒度无关的话似乎并不合理，因为对于较大的颗粒而言扩散作用并不明显。但是碰撞半径（以及由此导致的碰撞几率）随颗粒粒径的增加而增大，而这种效应可以弥补扩散系数的损失。当 $d_i \approx d_j$，速率系数变成：

$$k_{ij} = \frac{8k_B T}{3\mu} \tag{5-7}$$

对于在 25℃ 的水溶液分散体系而言，粒径大小相同的颗粒，其 k_{ij} 值是 $1.23 \times 10^{-17} m^3/s$。粒径大小不同的颗粒，该系数始终大于方程（5-7）给出的值。

对 k_{ij} 常数值的假设能够极大地简化聚集动力学问题的处理过程。这特别适用于等大球形颗粒的初始聚集阶段。在这种情况下，初始颗粒的碰撞十分重要，可以从方程（5-2）右边的第二项计算初始颗粒的损失速率：

$$\frac{dN_1}{dt} = -k_{11}{N_1}^2 \tag{5-8}$$

式中，k_{11}是初始颗粒的碰撞速率系数；N_1 为浓度。

此时，两个单颗粒的碰撞会导致两者的损失和偶极子的形成。所以，总颗粒（包括聚集体）的净损失是 1，总颗粒数浓度 N_T 的下降速率是原初颗粒浓度下降速率的一半。因此：

$$\frac{dN_T}{dt} = -\frac{k_{11}}{2}N_1^2 = -k_a N_1^2 \tag{5-9}$$

k_a 是聚集率系数，等于碰撞率系数的一半：

$$k_a = \frac{4k_B T}{3\mu} \tag{5-10}$$

方程（5-8）和方程（5-9）仅适用于颗粒的初始阶聚集阶段，此时大多数颗粒都处于单独存在状态。因此，这些公式的应用范围非常有限。然而，斯莫卢霍夫斯基明确指出方程（5-2）的应用前提是假设常数 k_{ij}的值来自于方程（5-7），这使得方程（5-9）同样可以表达为：

$$\frac{dN_T}{dt} = -k_a N_T^2 \tag{5-11}$$

方程（5-11）与方程（5-9）的唯一区别是在于等式右侧是 N_T，而不是 N_1。对式（5-11）积分，得到在时间为 t 时总浓度的表达式：

$$N_T = \frac{N_0}{1 + k_a N_0 t} \tag{5-12}$$

在进行继续分析之前，需要牢记最后两个表达式是基于以下两个重要假设：

（1）碰撞发生在尺寸差异不大的颗粒与聚集体之间，才可以认为碰撞率系数为常数。

（2）碰撞是在球形颗粒之间发生的。

第二个假设是斯莫卢霍夫斯基处理该问题的固有假设，因为只用简单的理论来处理非球形颗粒的碰撞与扩散问题太过于困难。在实际当中，虽然颗粒可能最初是等大的球体，但聚集体却不可能是球形的。两个硬质球体颗粒会碰撞形成一个哑铃状的聚集体（见图 5-2），这很明显是非球形的。

两个碰撞液滴（如在油-水乳浊液中）接触后形成球形聚集体的唯一可能途径就是凝聚作用。后文将继续探讨聚集体形状的问题（第 5.3 节），但目前可以假设真实聚集体的非球形性质并不会对异向凝聚造成太大影响。聚集率和聚集体尺寸分布的实验结果（见后文）与基于斯莫卢霍夫斯基方法的预测结果十分吻合。

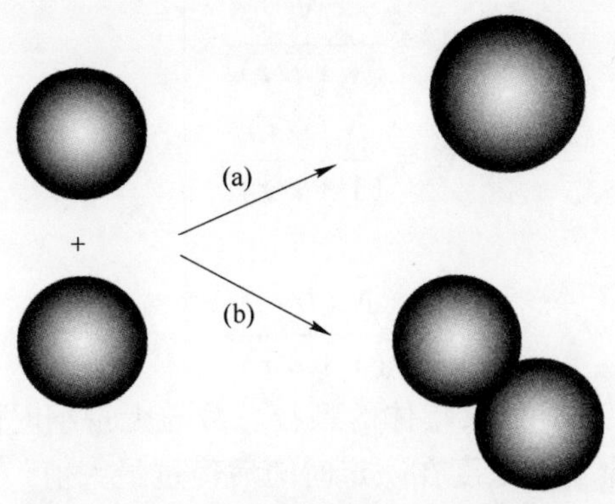

图 5-2 两个球形颗粒碰撞后聚集体的形状

(a) 由于聚结作用形成一个更大的球体；(b) 形成哑铃型的聚集体

从方程（5-12）可以看出，总颗粒浓度减少到初始浓度的一半所需要的时间为 τ，可由式（5-13）给定：

$$\tau = \frac{1}{k_a N_0} \tag{5-13}$$

此特征时间被称为凝聚时间或聚集过程的半衰期。这个时间也可以认为是一个给定颗粒发生碰撞的平均间隔时间。凝聚时间 τ 取决于初始颗粒浓度这一事实是聚集动力学性质的二阶结果。对于一阶过程而言，如放射性衰变，半衰期与初始浓度完全无关。

在方程（5-12）中引入 τ，可得式（5-14）：

$$N_T = \frac{N_0}{1 + t/\tau} \tag{5-14}$$

在 25℃时，水溶液分散体系的 k 值是 $6.13\times10^{-18}\text{m}^3/\text{s}$（先前引述 k_{ij} 值的一半）。这里给出了 τ 的值：$\tau = 1.63\times10^{17}/N_0$。数值计算实例如下，对于每立方米包含 10^{15} 个初始颗粒的悬浮液（或粒径 0.5μm 颗粒物的体积分数大约为 65×10^{-6}），其聚集半衰期是 163s。因此，在接近 3min 时间内，颗粒数浓度将减少到 $5\times10^{14}\text{m}^{-3}$。根据方程（5-14）可知，如果要将该数值减少 2 倍，将需要 3τ 或约 8min 的总时间。这个例子表明，随着聚集过程的进行和颗粒数浓度的减小，颗粒发生进一步聚集所需要的时间也越来越长。因此，在短时间内（几分钟的时间段内）仅靠布朗扩散是不足以产生大聚集体的。在实际过程中，应用某种流体剪切力效应可以大大提高颗粒的聚集率。这将在下一节进行讨论。

在结束异向凝聚的内容前，还应注意到斯莫卢霍夫斯基的处理方法还能对个别聚集体和总浓度 N_T 进行计算。单级颗粒、双级颗粒的数量浓度和通常情况下 k-级聚集体的数量浓度，可表示如下：

$$\left.\begin{aligned} N_1 &= \frac{N_0}{(1+t/\tau)^2} \\ N_2 &= \frac{N_0(t/\tau)}{(1+t/\tau)^3} \\ &\vdots \\ N_k &= \frac{N_0(t/\tau)^{k-1}}{(1+t/\tau)^{k+1}} \end{aligned}\right\} \tag{5-15}$$

由式（5-15）得到3-级聚集体的颗粒总数与无量纲时间 t/τ 的函数，如图5-3所示。其中所有聚集体浓度在一定时间后经过最大值。这是聚集体“产生”和“破碎”的直接结果，如方程（5-2）所示。此外需要指出的是，在任何情况下单级颗粒的预测浓度值都大于任何的单个聚集体。事实上，根据式（5-15）可知，所有聚集体的浓度总是大于更大聚集体的浓度。

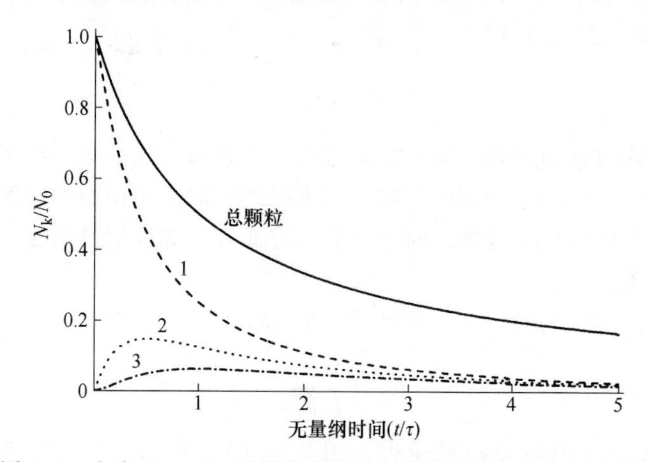

图5-3 由式（5-15）计算得到的总颗粒浓度的相对浓度及单级（初级）颗粒、双级颗粒和三级颗粒的浓度

1—单级颗粒；2—双级颗粒；3—三级颗粒

尽管式（5-15）是基于各种简化假设，但是当初始颗粒比较均匀时，图5-3中的预测结果与实测聚集体的粒径分布非常一致。

在式（5-15）中聚集体颗粒尺寸大小以聚集数 k 为单位（即聚集体中初级颗粒数目）。它与聚集体的质量成正比，所以基于 k 的分布相当于在第2章讨论的颗粒质量分布（虽然对于聚集体而言，质量通常不与直径的立方成正比，见第5.3节）。此外，将平均聚集数量定义为 $\bar{k}$，由聚集过程中特定阶段初级颗粒的初始数 N_0 与总颗粒数 N_T 的比率给出：

$$\bar{k} = \frac{N_0}{N_T} \tag{5-16}$$

然后可以将聚集数以更一般的简化形式写出，x：

$$x=\frac{k}{\bar{k}} \tag{5-17}$$

聚集体粒径分布设为$f(x)$，而$f(x)\mathrm{d}x$是聚集体中粒度在$x\sim x+\mathrm{d}x$范围内所占的分数（简化），这与第2章中讨论的粒径分布一样。这种方法假定了一个连续的粒度分布，而斯莫卢霍夫斯基在式（5-15）和图5-3中表示的是离散的聚集体粒度。而把聚集体的粒度分数k，N_k/N_T与频率函数$f(k)$等同起来也是合理的。对于任何的无量纲化聚集时间的值t/τ，可以从方程（5-14）计算出颗粒的总数量N_T，然后从方程（5-16）计算出平均聚集数。然后可以计算每个粒度为k的聚集体的简化粒度x，并将$f(x)$对x作图。在图5-4中做了三个不同聚集时间5τ、10τ和20τ条件下的结果。如图5-4中的指数分布所示：

$$f(x)=\exp(-x) \tag{5-18}$$

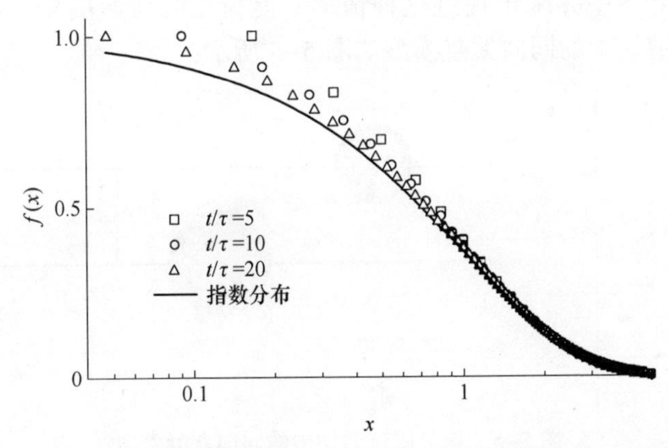

图5-4 聚集体粒度分布随方程（5-17）中简化粒度x变化的结果
（符号代表的是在不同的聚集时间下根据式（5-15）进行斯莫卢霍夫斯基法计算的结果，图中完整曲线代表的是式（5-18）中的指数分布）

采用最大熵法得到聚集体粒径分布的指数形式，该方法在不考虑颗粒间碰撞频率等细节问题的情况下得出颗粒在聚集体中的最可能分布情况。很明显由式（5-15）所预测的分布曲线与指数形式十分接近，尤其是对于碰撞时间较长和聚集体粒度等于或大于平均粒度（$x=1$）的粒度分布时更为吻合。在较小的聚集体粒度较小时两者差异显著增加，这是由于式（5-15）是一个离散分布，而指数形式属于连续分布。粒度更大时离散型和连续型分布之间的差异变得不明显，所有在这一区域的点都落在指数曲线上。斯莫卢霍夫斯基的预测值与不考虑碰撞机制而推出的分布结果十分符合，这并不令人惊讶，因为前者的假设前提是碰撞速率系数为常数与聚集体粒径无关。

前面讨论的重点是为了表明：当以适当的简化形式绘图时，聚集体的粒径分布可以在碰撞发生较长时间后接近其极限形式。有时称之为自保持分布，因为在聚集体悬浮体系中它们可以不受初始条件影响（例如，对非均匀性的初始颗粒）。自保持分布的精确形式取决于许多因素，而且可能很难预测。尽管如此，但是这种分布的存在可以大大简化聚集体粒径理论的处理方法。

5.2.2 流体剪切——同向凝聚

在第 2.1 节中看到，由于颗粒浓度减少和布朗运动过程的二阶性质，（异向）聚集并不容易导致大聚集体的形成。在实际当中，聚集（絮凝）过程几乎总是在悬浮液受到某种形式剪切的条件下才会发生，如搅拌或者流动。由流体运动引起的颗粒输运对颗粒碰撞率有显著的影响，这个过程称为同向凝聚。

斯莫卢霍夫斯基首次对该问题的理论方法进行了探讨，这是他对异向凝聚所做的开创性工作的延续。对于同向碰撞，他考查了球形颗粒在均匀、层流剪切中的情况。在实际当中并未出现过这种情形，但简化的情形更易于作为研究的起点。均匀层流剪切中的同向絮凝模型如图 5-5 所示。

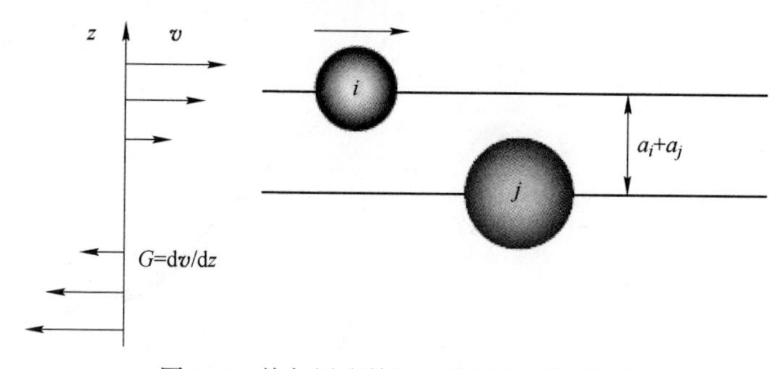

图 5-5 均匀层流剪切中的同向絮凝模型

图 5-5 显示了斯莫卢霍夫斯基处理法的碰撞速率基本模型。两个非等径球形颗粒处于均匀剪切流场当中。这意味着流体的流速只在垂直于流动方向上随距离呈线性变化关系。z 方向上流体速度的变化率是 $\mathrm{d}u/\mathrm{d}z$。这是剪切速率，用符号 G 表示。设想一个半径为 a_j 颗粒的中心位于流体速度为零的平面上，平面上下的颗粒以不同的速度沿着流线运动，流速与运动方向取决于它们的位置。如果其中心位于距离 $u=0$ 的平面为 a_i+a_j 的流线上，半径 a_i 的颗粒将只与中央的球形颗粒接触（与异向凝聚的处理方法相同 a_i+a_j 为碰撞半径）。所有距离小于碰撞半径的颗粒都能够与中央球体发生碰撞，碰撞率取决于其浓度和位置（和速度）。

很容易计算出 i 级颗粒与中心 j 级颗粒的碰撞率，从而推导出在剪切流悬浮液中 i–j 颗粒的碰撞频率。用颗粒的直径表示，结果如下：

$$J_{ij} = \frac{1}{6}N_iN_jG(d_i + d_j)^3 \tag{5-19}$$

式（5-19）与普遍化速率式（5-1）相比较，可以得到同向碰撞率系数：

$$k_{ij}=\frac{G}{6}(d_i+d_j)^3 \tag{5-20}$$

这与方程（5-6）给出的异向碰撞率系数有一个重要区别，异向碰撞率系数与大致相等的颗粒粒度无关。相比之下，方程（5-20）可以看出与粒径的三次方相关。这意味着，对于聚集体而言，颗粒数减少的部分可以由增加的速率系数补偿，这样聚集率就不会像在异向凝聚情形下减小那么多。

由于碰撞率对颗粒（聚集体）粒径有较强的依赖性，不可能假设有恒定的碰撞率系数。这样一来，就比异向凝聚情形更难预测出聚集体的粒径分布。因此必须采用数值方法来解决该问题，但在给聚集体的碰撞率系数赋值时仍然有相当大的不确定性。为此，等到发生大球体间聚集的最开始阶段，讨论就应进行严格的条件限定。假设每次碰撞都形成一个聚集体（$\alpha=1$），可以计算总的颗粒浓度的降低率：

$$\frac{dN_T}{dt}=-\frac{2}{3}N_T^2Gd^3=-k_aN_T^2 \tag{5-21}$$

这类似于异向凝聚相应的表达式（5-11），同向凝聚速率系数如下：

$$k_a=\frac{2}{3}Gd^3 \tag{5-22}$$

虽然方程（5-21）比方程（5-11）适用范围更严格，并且只适用于聚集过程的最初始阶段，但是探讨同向凝聚的结果时该公式仍然很有用。

方程（5-21）中 d^3 项的存在意味着颗粒的体积是一个重要因素。在等大的球形颗粒的悬浮体系中，颗粒的体积分数是每个颗粒体积乘以单位体积颗粒的个数：

$$\phi=\frac{\pi d^3N_T}{6} \tag{5-23}$$

结合方程（5-21）有：

$$\frac{dN_T}{dt}=-\frac{4G\phi N_T}{\pi} \tag{5-24}$$

凝聚过程中假设体积分数保持不变是比较合理的，所以方程（5-24）得到了聚集率与颗粒数浓度的一级相关性。虽然初始颗粒的体积的确会保持不变（假设采沉降过程中没有颗粒损失），但这不是聚集过程的常见情形，因为聚集体的有效容积通常是大于其组成颗粒的体积（见第5.3节）。尽管如此，研究其如何遵循为一阶速率方程也是很有研究价值的。

假定剪切速率 G 和体积分数 φ 在聚集过程中保持不变，对方程（5-24）积分，有：

$$\frac{N_T}{N_0} = \exp\left(\frac{-4G\varphi t}{\pi}\right) \tag{5-25}$$

指数项中包含无量纲数组 G、φ、t，这对于聚集程度的确定具有非常重要的作用。原则上，如果这个数组的值是恒定的，那么无论各项单独的值是多少都会得到相同的聚集程度。例如，加倍剪切速率、减半聚集时间都不会影响聚集程度。在实际当中，高剪切速率条件对聚集会产生不利影响（见后文），所以这一结论可能会产生误导。

无量纲项 Gt，有时被称为坎普数值（首先由 Thomas R. Camp. 提出），在实际絮凝单元设计中非常重要（见第 7 章）。而颗粒的浓度 φ，具有同等意义。

前面的所有讨论都基于层流剪切的假设，但这并不符合实际情况，而在湍流条件下的聚集更为常见。1943 年，坎普和斯坦提出解决该问题的方法。从量纲分析可知，平均或有效剪切速率来自于对悬浮液的能量输入（例如，在容器中的搅拌）。平均剪切速率可以表示为每单位质量的输入功率 ε，和黏度 ν（$\nu=\mu/\rho$，其中 ρ 是悬浮密度）的公式：

$$\overline{G} = \sqrt{\frac{\varepsilon}{\nu}} \tag{5-26}$$

有效的剪切速率 $\overline{G}$，可以插入到前面的表达式中代替层流剪切速率 G。尽管这种方法存在一些问题，但它得出的结果与更严格的各向同性湍流碰撞率计算结果十分吻合。

5.2.3 速差沉降

每当尺寸或密度不同的颗粒在悬浮液中发生沉降时，就会发生另外一种重要的碰撞机制。较大的致密颗粒沉降速度更快，在沉降中可以跟更多沉速缓慢的颗粒发生碰撞。假设颗粒为球形，其沉降率由斯托克斯法求出（见第 2.3.3 节），可以计算出合适的速率。等密度颗粒的碰撞频率见式（5-27）：

$$J_{ij} = \frac{\pi g}{72\mu}(\rho_S - \rho_L)N_iN_j(d_i + d_j)^3(d_i - d_j) \tag{5-27}$$

式中，g 是重力加速度；ρ_S 是颗粒的密度；ρ_L 是流体的密度。

显然，从这个等式可以看出，碰撞率既取决于颗粒粒径大小，也取决于碰撞颗粒间粒径的差异。颗粒与流体间的密度差异也很重要。因此，速差沉降也是大颗粒和聚集体形成的一种重要机制。下一节中将给出一些数值计算的结果。

5.2.4 碰撞率的比较

目前已经考虑了三种不同的碰撞机制，极大地方便了对典型条件下的碰撞率进行比较。最简单的方法就是通过式（5-1）和各种碰撞率表达式比较不同碰撞率系数。相应的碰撞率系数如下：

异向凝聚：$k_{ij} = \dfrac{2k_B T}{3\mu}\dfrac{(d_i - d_j)^2}{d_i d_j}$

同向凝聚：$k_{ij} = \dfrac{G}{6}(d_i + d_j)^3$ (5-28)

速差沉降：$J_{ij} = \dfrac{\pi g}{72\mu}(\rho_S - \rho_L)N_i N_j(d_i + d_j)^3(d_i - d_j)$

如果只考虑直径为 d 的等径球形颗粒间的碰撞，那么速差沉降速率为零。在这种情况下，可以将同向凝聚与异向凝聚的碰撞率系数比写成如下形式：

$$\frac{k_{ortho}}{k_{pert}} = \frac{G\mu d^3}{2kT} \tag{5-29}$$

剪切速率为 $10s^{-1}$时（对应于相当温和的搅拌），直径约 1μm 颗粒的两个剪切速率系数相等。对于较大的颗粒而言，剪切速率更高时同向凝聚的动力学速率将变得更大。

三种不同碰撞机制碰撞率系数的比较如图 5-6 所示。

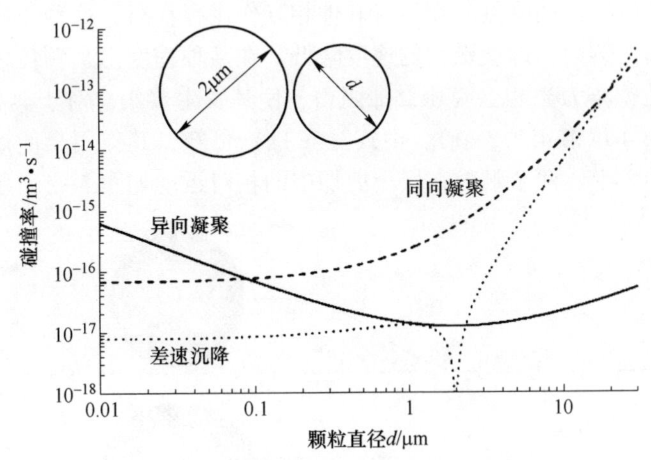

图 5-6 三种不同碰撞机制碰撞率系数的比较

（左边颗粒直径为 2μm，右侧颗粒直径为 d，剪切速率为 $50s^{-1}$，颗粒密度为 $2g/cm^3$）

在图 5-6 中，以一个颗粒直径为 2μm，另一个颗粒直径从 0.01μm(10nm)变到 20μm 为例，对不同尺寸颗粒的三种碰撞机制系数进行了比较。假定剪切速率 G 为 $50s^{-1}$，颗粒密度为 $2g/cm^3$。所有其他相关数值都采用水在 25℃时的值。这些结果有几个值得注意的特点：

(1) 当颗粒直径相等时，异向碰撞率的变化曲线可取得最小值。在最小值附近，碰撞率系数跟方程（5-7）中相同，与颗粒尺寸无关。然而，当粒度明显变化时，碰撞率系数会比“定值”大一个数量级或者更多。

（2）等径颗粒的差速沉降速率为零，因为它们都以相同的速度沉降而不发生碰撞。而当第二个颗粒比第一个大几微米时，这一机制变得非常重要。

（3）第二个颗粒直径超过约 0.1μm 时，初始阶段的同向碰撞率大于异向碰撞率，当直径 d 大约为 2μm 时，同向碰撞率明显比异向碰撞率大。

当然，如果选择粒径、密度和剪切速率为其他不同的数值，将会改变这些结论。然而，对于搅拌悬浮体系中大于几个微米的颗粒而言，可以合理地假设其异向碰撞率是小到可以忽略的。

5.2.5 流体动力学相互作用的影响

前面所有对聚集率问题的处理都是假设溶液为完全不稳定的悬浮液（$\alpha=1$），且所有的碰撞都能够使颗粒保持稳定的附着状态。而在实际当中，黏性流体中两个颗粒之间的距离变小时，颗粒的互相靠近会受到明显的阻碍。当颗粒彼此靠近（或靠近另一表面）时，“排挤”出缩小的缝隙中的水会变得越来越困难。即使颗粒间没有斥力，这种水动力或黏性效应也会减缓颗粒的聚集过程。

在布朗运动引起的碰撞（异向凝聚）过程中，主要作用在于颗粒互相靠近过程中颗粒扩散系数的降低。在没有其他相互作用存在时，这种作用能够有效地阻碍颗粒聚集。然而，即使颗粒的速度降低，在某种程度上，颗粒之间普遍存在的吸引力（范德华力）也会克服黏滞阻力，使其发生聚集。对于典型的 Hamaker 常数值（见第 4 章第 4.2.3 节），由式（5-11）可知，其作用会使斯莫卢霍夫斯基速率降低约一半。两个颗粒在层流剪切中的相对运动如图 5-7 所示。

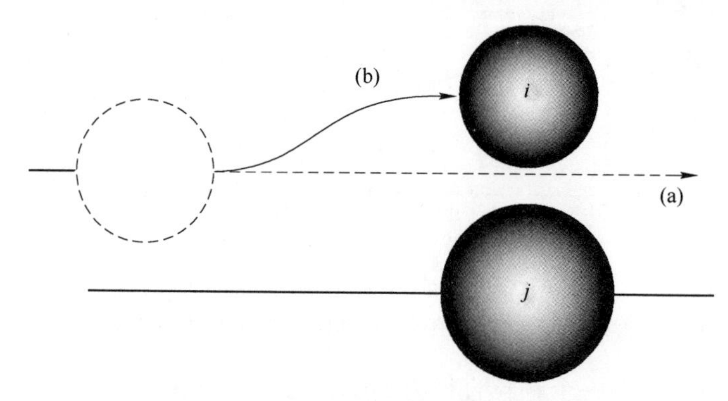

图 5-7 两个颗粒在层流剪切中的相对运动

（a）直线路径，根据斯莫卢霍夫斯基理论中的假设；

（b）实际路径，遵循在黏性流体中的弯曲路径

在同向碰撞的情况下水动力的影响作用更加显著。其问题在于，图 5-5 模型中假定颗粒沿直线运动，直到与另一个颗粒发生碰撞。而在实际中，颗粒的周围也发生流动，所以流线必将偏离直线路径，如图 5-7 所示。对球形颗粒而言，这

种效应可以通过数值方法进行处理，其结果可以表示为限定性碰撞效率 α_0。这是由斯莫卢霍夫斯基法的式（5-19）得到的碰撞分数，在不考虑颗粒间的任何其他排斥作用的情况下（例如，完全不稳定的悬浮），会使颗粒发生接触。如果颗粒之间是斥力，如双电层斥力，其实际碰撞效率将小于 α_0。

由于范德华吸引力在克服水阻力时起着重要作用，α_0 则取决于 Hamaker 常数的值的大小。假设悬浮颗粒完全失稳，Hamaker 常数为 10^{-20}J（约 2.5kT），有限碰撞效率随剪切速率的变化如图 5-8 所示。该图表明有限碰撞效率 α_0 与不同颗粒直径的剪切速率值相关。假定流体为 25℃的水，G 值的范围为 1~1000s^{-1}，对于确定的粒度值而言，α_0 显著减小。此外，即使在低剪切速率下，有限碰撞效率值也可以非常小。例如，根据方程（5-21）预测值可知，剪切速率约为 50s^{-1}时，粒径为 10μm 的颗粒只有 10%左右会发生碰撞聚集。

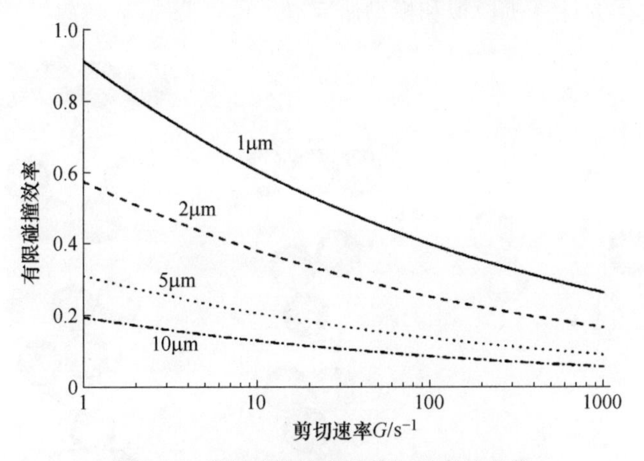

图 5-8 有限碰撞效率随剪切速率的变化

（等径球形颗粒的碰撞，其直径如曲线上所示）

这些是等径颗粒的碰撞结果。对于不同粒径的球形颗粒而言，碰撞效率可能会更低。在某些情况下，小颗粒围绕一个大颗粒的碰撞轨迹会保持较大的分隔距离，因此碰撞将很难发生。例如，对于直径 20μm 和 2μm 的颗粒，最接近的距离约为 1.4μm。这远大于范德华引力的范围，因此很难发生任何聚集。

初看之下，似乎水动力相互作用会严重限制剪切流中大聚集体的形成。然而在实际中，随着剪切速率增加，大的聚集体毫无疑问是可以形成的。水动力对于聚集率提高的影响程度可能并没有理论预测那样重要，其原因可能如下：

（1）计算模型是针对层流剪切流中的硬质不透水球体。

（2）对不规则颗粒的影响可能完全不同。

（3）没有考虑湍流的影响。

（4）真实的聚集体通常有开放的结构，可能有明显的渗透作用，这会大大降低阻力。

最后一点尤其重要，聚集体的形状将在下一节考虑。

5.3 聚集体的形状

当固体颗粒聚集时，不可能发生聚结，由此产生的聚集团簇可能会有许多不同的形状。等径球体是最简单的情况，毫无疑问两个颗粒将会形成一个哑铃形状聚集体（见图 5-2）。然而，第三种颗粒能够以几种不同的方式附着，聚集程度越高，可能的结构数量会迅速增加，如图 5-9 所示。在实际的聚集过程中，可能形成包含数百或数以千计的初级颗粒聚集体，不可能对其结构进行详细的说明。需要采用一些简便的方法使聚集体结构能够以普遍形式描述，同时仍然能表达有用的信息。在 20 世纪 80 年代，这方面的研究取得了很大的进展，其中大部分是对聚集形成过程的计算机模拟和模型研究。

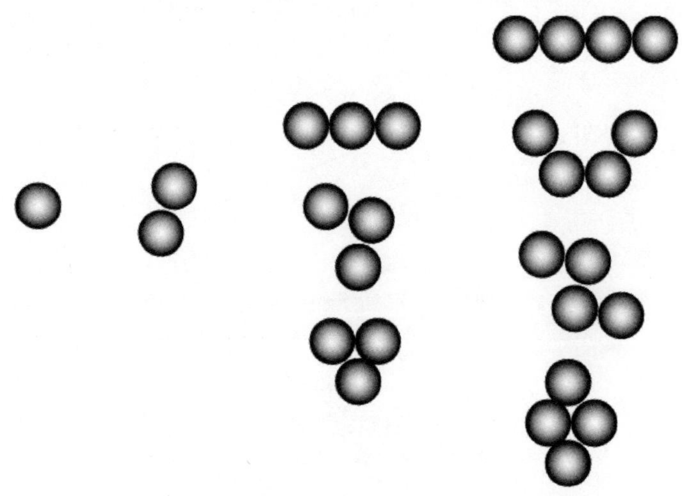

图 5-9 等径硬质球体颗粒 4 级碰撞聚集体的可能形状

5.3.1 分形分析

目前，聚集体被公认为具有自相似、分形结构。自相似性是指聚集体会有独立于观察尺度范围的相似结构。图 5-10 给出了两个维度的自相似性原理图，图中基本的“+，-”形状形成了四个层次的结构，从单个十字形状（1 级），到 125 个十字形状（4 级）的“+，-”型排列。这一过程可以无限继续下去。在图 5-10 中，可以得到从单个十字形（1 级）开始，1~4 级每个阶段的十字形数目。其序列将是：1、5、25、125 等。还可以测量每个单一结构的“大小”。一种简单的测量其大小方法是对每个布局中间十字形数量进行测定，即 1、3、9、27 等。有一种方法可以测量图 5-10 中每个结构的线性尺寸 L，和每个 N 所对应的十字形数量。在每一级中，N 增加了 5 倍，L 增加了 3 倍。因此，N 与 L 幂数相关，其指数为 lg5/lg3 = 1.465。有：

$$N = L^{1.465} \tag{5-30}$$

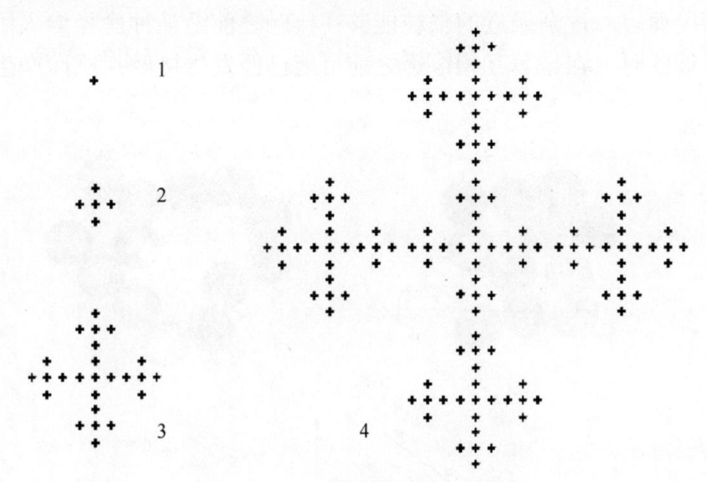

图 5-10 二维分形聚集体的形状

如果处理对象均匀地充满了二维平面，其数目应随平面的面积增加而增加，即为线性测量值的平方。式（5-30）的指数为非整数值，该值就是分形维数。图 5-10 所示的物体具有分形特征，其分形维数为 1.465。这意味着，随着分形物体的增大，其结构逐渐变得更加开放，图 5-10 清楚地显示了这种规律。

分形、自相似性的物体在自然界中很常见。像花椰菜、树木和肺一样多变的结构都呈现出明显的分形特征分支结构。比较著名的例子是海岛的海岸线，以不列颠岛屿为例，其海岸线的总长度取决于所使用的测量物的尺度，包括海湾、入口的大小等。

颗粒的聚集体具有分形特征，因此聚集体的质量（或它内部初级颗粒的数量）大小与其粒度呈指数相关，d_F（质量分形维度）：

$$M \propto L^{d_F} \tag{5-31}$$

因此，在双对数 lg-lg 图上 M 对 L 作图应该是一条直线，其斜率为 d_F。

聚集体具有有效的分形维数，正如前面所提到的二维情形下的"分形"一词。在三维空间中，聚集体的分形维数，原则上可以取 1~3 之间的任意值。分形维数值 $d_F = 1$ 意味着质量与长度呈正比的线性聚集。而对于均匀聚集体而言，具有非分形特征，因此应该像固体物一样，质量与尺寸大小呈立方变化，即 $d_F = 3$。

早期的聚集体结构模型都是以扩散作用为基础，通过添加单个颗粒生长成聚集团簇（见图 5-11(a)）。这种情况往往会产生十分紧凑的聚集体，其分形维数约为 2.5。之后的模拟研究能够适用于聚集团簇-团簇之间的碰撞，这在很多实际情况中也是更符合实际的模型。这种模型能够得到更加开放的聚集体结构（见图 5-11(b)），d_F 约为 1.8。图 5-11 说明了不同结构的产生原因。对于颗粒-团簇碰撞的情况而言，逐渐靠近的颗粒能够在接触之前沿某种途径渗入团簇中。两个团簇靠近彼此时，在显著互相渗透之前可能已经发生接触，从而产生了更加开放的结构。

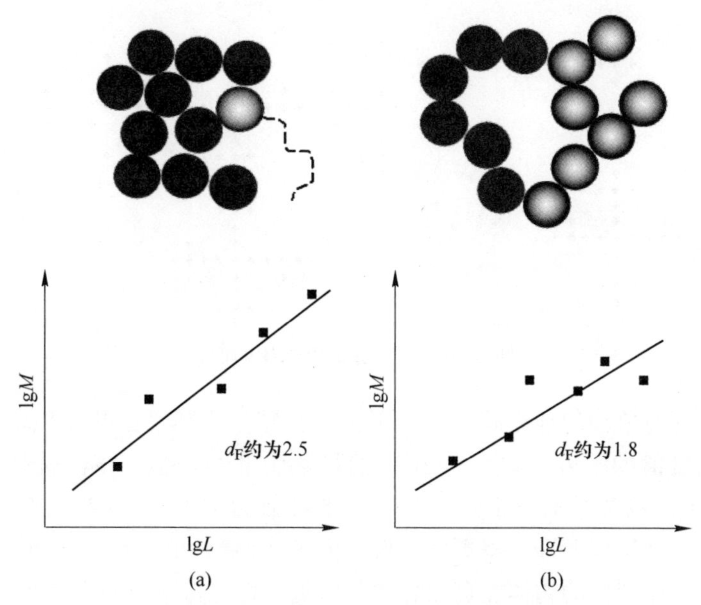

图 5-11 颗粒-团簇和团簇-团簇分形聚集体的形状
(a) 颗粒-团簇；(b) 团簇-团簇

这些模型的假设前提是颗粒之间不存在互相排斥作用，且碰撞只是由布朗运动引起（异向凝聚），所以这个过程有时被称为有限扩散凝聚（DLA）。如果颗粒间有明显的斥力，碰撞效率将会降低，那么就说明聚集是受限制的反应，在这种条件下会形成更密实紧凑的聚集体（有更高的 d_F）。而且对这种效应有一个相当简单的解释。由于碰撞效率低，颗粒和团簇不得不在黏附之前发生多次碰撞，从而获取更多的机会来产生不同的组成结构，并实现某种程度的互相渗透。

在不同流体剪切条件下所产生聚集体的分形维数往往要比那些由扩散形成聚集体的分形维数高。在搅拌悬浮液中，聚集体会发生明显的结构调整，这或许是由于聚集体发生了破损和重组，从而使 d_F 进一步的增加，其值通常约为 2.3。

聚集体结构的早期概念是子单元的“层次结构”，范围从单个颗粒到小聚集体、聚集体团簇、聚集体团簇形成的团簇等。在二维空间中，图 5-10 中的那些结构充分代表了这种观点，在层次结构中子单元延伸到四个等级的聚集。实际分形聚集体是否遵循这种简化模型是值得怀疑的，不妨将其看成一个水平的连续体，而不是离散值。

实际聚集体的分形维数不能用实验直接测量，只能采用间接法。当初级颗粒足够小、折射率足够低时，适合用瑞利-甘-德拜（RGD）光散射法进行测量（见第 2 章第 2.4.6 节）。以透过聚集体悬浮液散射光的强度对方程（2-46）中定义的散射矢量 q 作图，可以得到一个特征模型，如图 5-12 所示。当 q 值足够低（例如，在低散射角度下），$1/q$ 远远大于聚集体的粒度，散射光强度取决于聚集体的粒径。所以，对于确定的聚集程度而言，散射光强度是恒定的，与 q 无关。当 q 值较大时，测得的长度范围小于原颗粒粒径大小，散射光的强度与单独初始颗粒形成的聚集体强度一样。并且这会导致散射强度恒定，与 q 无关。q 取中间值时，长度 $1/q$ 的值处于初始颗粒和聚集体的粒径之间，可以得到散射光强度 $I(q)$ 随 q 变化直接情况，见式（5-32）。

$$I(q) \propto - q^{d_F} \tag{5-32}$$

因此，在双对数图上应该有一个线性变化范围，斜率为$-1/d_F$。此方法已被广泛应用，甚至在 RGD 方法都不能近似适用的情况下也能够使用该方法。在这种情况下，可以得到 $\lg I(q)$ 对 $\lg q$ 的线性变化范围，但斜率是否能给出真实的分形维数仍然是值得怀疑的。有时也会使用如“散射指数”等较为模糊的术语，而该斜率值仍然能得到关于聚集体结构的有用信息。

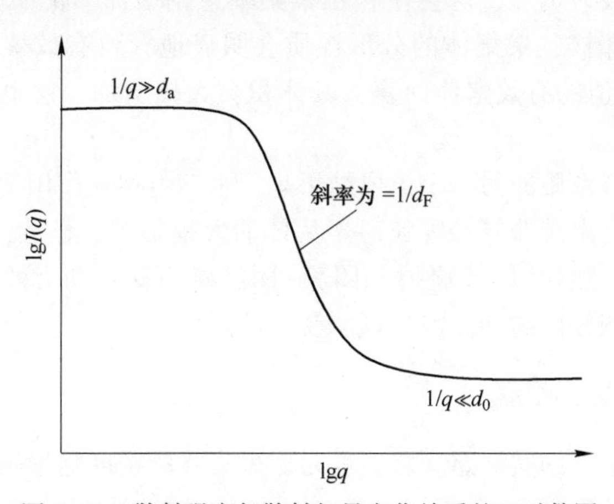

图 5-12　散射强度与散射矢量变化关系的双对数图

5.3.2　分形聚集体的碰撞率

斯莫卢霍夫斯基法处理聚集动力学问题的前提假设是认为碰撞颗粒为球体颗粒。即使对于球形初始颗粒而言，快速的聚集也会形成如图 5-9 所示的那些结构，它们的碰撞率不能进行精确计算。只有在假设凝聚液滴为球形颗粒的情形下计算才是合理的。

对于异向凝聚而言，聚集体的增大会导致碰撞半径增加、扩散系数减少，这些影响往往会抵消，使得碰撞率系数不会极度依赖于聚集体的粒径（见第 5.2.1 节）。对于分形聚集体而言，水力半径（决定拖阻力进而决定了扩散系数）可能略小于对应于聚集体物理范围的外部“捕获半径”。这意味着布朗碰撞会比式（5-6）所预测的速率系数发生得更快。然而，对于粒度大于几微米的聚集体而言，异向凝聚可以忽略不计，剪切诱导碰撞作用变得更加重要。

在同向凝聚的情形中，分形聚集体的有效捕获半径极为重要，其数值极大地依赖于分形维数。通过代替方程（5-20），i 级颗粒和 j 级之间碰撞的碰撞率系数可以表达如下：

$$k_{ij} = \frac{Gd_0^3}{6}\left(i^{\frac{1}{d_F}} + j^{\frac{1}{d_F}}\right)^3 \tag{5-33}$$

式中，d_0 是初级颗粒的直径。假设 i 级聚集体直径由式（5-34）给出：

$$d_i = d_0 i^{\frac{1}{d_F}} \tag{5-34}$$

通过与方程（5-31）中的分形维数定义类比。

对于“聚结球体”的假设而言，分形维数值 $d_F = 3$，聚集体尺寸大小的增加相对较慢（1000 级聚集体的捕获半径只增加 10 级）。对于较低的 d_F 值而言，聚集体尺寸增大的较为迅速，这会使颗粒聚集率急剧增加。正如方程（5-25）推导时所做的假设那样，聚集体的分形性质会明显地导致有效聚集体的体积不守恒。对于典型 d_F 值的有效絮体而言，其体积会大幅增加，这也是碰撞频率增加的原因。

聚集体的分形性质的另一个重要结果是，水动力相互作用远远小于固体颗粒间作用，但并没有出现非等径颗粒对聚集体的大幅影响。显然，从图 5-11 的简化图中可以看出，颗粒-团簇碰撞和团簇-团簇碰撞受水动力效应的阻碍程度要明显小于等大径颗粒碰撞和团簇碰撞所受到的阻碍。

5.3.3 分形聚集体的密度

分形结构最重要的实际意义之一就是，聚集体的密度随聚集体粒径增加而降低。这对固-液分离过程（第 7 章）有着重要影响。实际上，在引入分形聚集体的概念之前，这种行为已经得到了充分的实证观察。

在液体中，聚集体的有效浮力密度 ρ_E 简化如下：

$$\rho_E = \rho_A - \rho_L = \varphi_S(\rho_S - \rho_L) \tag{5-35}$$

式中，ρ_A、ρ_L 和 ρ_S 分别为聚集体、液体和固体颗粒的密度；φ_S 是固体聚集体内的体积分数（不要与悬浮液中颗粒的体积分数混淆）。

聚集体密度的实验值（通常由沉降法得到）结果如图 5-13 所示。在有效聚集体密度对聚集体尺寸量度（通常是直径）的 lg-lg 图中，其结果通常显示为特征斜率的线性下降。这意味着有如下形式的关系：

$$\rho_E = Bd^{-\gamma} \tag{5-36}$$

式中，B 和 γ 是实验常数。

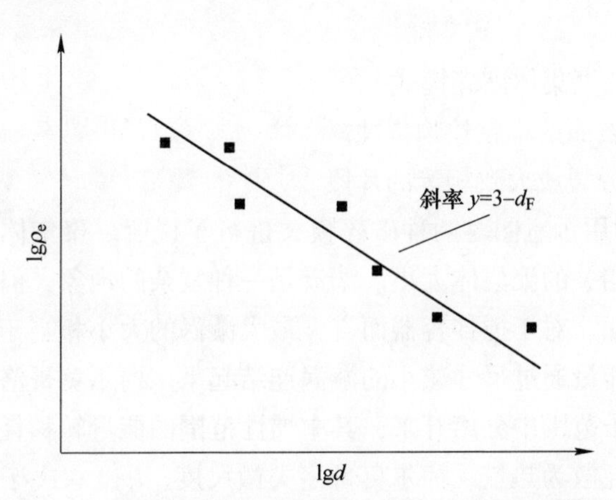

图 5-13　有效聚集体的密度对聚集体尺寸的双对数图

可以很容易证明，φ_S 与 d^{3-d_F} 成正比。因为有效的密度直接与 φ_S 成正比，其遵循以下公式：

$$d_F = 3 - \gamma \tag{5-37}$$

当 $d_F = 3$（即对于非分形对象而言），$\gamma = 0$，所以跟预期相一致的是聚集体密度不随尺寸大小变化。分形维数越低，γ 值越大，因此密度随聚集体尺寸减少得越快。聚集体密度实验测定所得到的 γ 值为 1~1.4，对应的分形维数范围为 2~1.6。

5.4　聚集体的强度和破碎

前面所有对聚集动力学的讨论都是基于不可逆聚集的假设，因此并未考虑聚集体发生破碎的情况。而这显然并不符合实际情况，因为大多数聚集过程都是在搅拌的悬浮液体中发生的，几乎都是在湍流条件下进行的。在这些情况下，将会不可避免地发生聚集体的破碎。

事实证明，聚集体的尺寸只会发生有限程度的增大，这取决于它们的强度和有效剪切速率，或能量耗散率 ε：

$$d_{max} = C\varepsilon^{-n} \tag{5-38}$$

式中，C 和 n 都是常数，具体取决于系统。

在讨论聚集体破碎之前，应指出的是破碎并不是限制聚集体尺寸增长的唯一可能原因。在第 5.2.5 节中看到水动力的阻碍会严重限制大颗粒之间的同向碰撞。尽管这种效应对分形聚集体可能不太明显，但是随着聚集体的增大，降低的碰撞效率仍有可能会限制其进一步增长，特别是在高剪切速率条件下，这可能会使聚集体在没有破碎的情况下仍然限制其尺寸增大。然而，通常认为聚集体尺寸的受限是增长和破碎之间动态平衡的结果，进而形成了聚集体尺寸的稳态分布。

有两种公认的聚集体破碎模式：

(1) 聚集体表面的小颗粒物侵蚀。

(2) 聚集体分裂成大致相等的片段。

在图 5-14 中用示意图对两种破碎模式进行了说明。聚集体破碎的模式取决于与湍流微尺度相关的聚集体大小。湍流是一种复杂的现象，但可以通过不同大小的漩涡进行表征。对于搅拌容器而言，最大漩涡的大小相当于容器或叶轮。这些大尺度漩涡的能量通过尺寸减小的漩涡连结起来。柯尔莫哥洛夫微尺度理论把惯性范围从黏性子范围中分离开来，其中惯性范围的能量转移耗散很少，而黏性子范围的能量会耗散为热量。柯尔莫哥洛夫微尺度，l_K，取决于流体的运动黏度 ν 和单位质量的能量耗散 ε：

$$l_K = \left(\frac{\nu^3}{\varepsilon}\right)^{\frac{1}{4}} \tag{5-39}$$

式中，l_K 的值是平均剪切率 $\overline{G}$ 的函数（与方程（5-26）中能量耗散率有关），如图 5-15 所示，假设流体是 25℃ 的水。对于剪切速率范围为 $50 \sim 100s^{-1}$（适用于许多经典的聚集过程）的情况，微尺度的量级是 100μm。

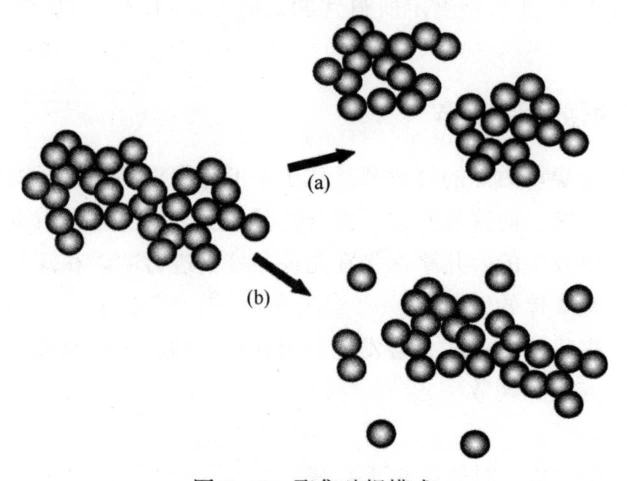

图 5-14 聚集破损模式

（a）分裂成大致相等的碎片；（b）小颗粒的表面侵蚀

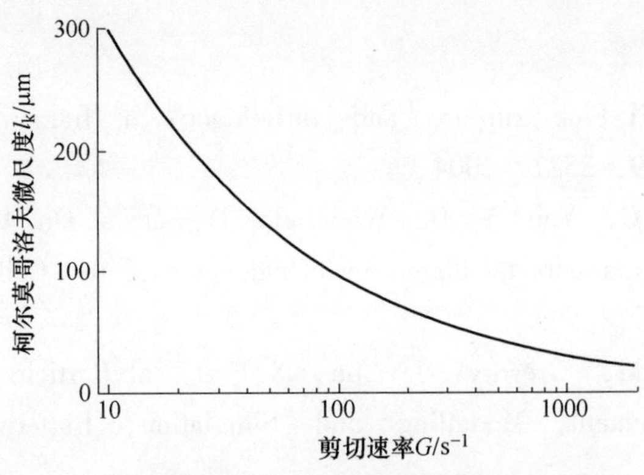

图 5-15 柯尔莫哥洛夫微尺度随剪切速率的变化关系

通常认为聚集体尺寸与湍流尺度相同或更小的情况下，主要发生表面侵蚀破碎，而大尺寸的聚集体往往发生分裂破碎。但是还没有充分的实验数据来证明这一观点。作为一个非常近似的经验法则，有时假定湍流流动的最大聚集体大小与湍流尺度大小是相同的。但是，这一假设也忽略了聚集体在强度上的巨大差别，势必会影响聚集体的受限制尺寸大小。很明显在给定的条件下，更强的凝聚体会有较大的 d_{max} 值。

就聚集体分裂所需的力而言，f_0 一定是取决于颗粒-颗粒键断裂的数目和这些键的强度。断裂键数目取决于碎片的横截面。把凝聚体强度 σ 定义为断裂力和横截面面积的比值是比较合理的（见式（5-40））

$$\sigma = \frac{4f_0}{\pi d^2} \tag{5-40}$$

聚集体强度的这种表示方式取决于聚集体体系，指单位面积上所受到的力，从几牛每平方米到大约 1000 牛每平方米都已有报道。这意味着，约 50μm 典型大小的聚集体破损所需的实际受力会处于 nN 到 μN 的范围中。

单位面积内颗粒-颗粒键的数目势必取决于聚集体的密度，因此也取决于分形维数。对于开放型、低密度的聚集体（低的 d_F 值），单位面积只有少数几个键，所以聚集体应该相对较弱。而更加致密的聚集体则具有较高的强度。其原因可能是致密聚集体更易发生表面侵蚀而不是分裂，尽管这一推论也还缺乏实验证据。此外，随着聚集体尺寸增大后会变得不那么密实，并且由方程（5-40）所定义的聚集体强度也会降低。这是决定聚集体最大尺寸的另一个因素。

在此，就不再进一步深入讨论聚集体破裂和强度的相关内容。这仍然需要大量详细的数学计算，并且将其结果应用于实际聚集过程中也还存在很多困难。

延伸阅读

1. Bache D H. Floc rupture and turbulence：a framework for analysis, Chem. Eng. Sci.，59，2521，2004.

2. Bushell G C, Yan Y D, Woodfield D, et al. On techniques for the measurement of the mass fractal dimension of aggregates, Adv. Colloid Interface Sci.，95，1，2002.

3. Elimelech M, Gregory J, Jia X, et al. Particle Deposition and Aggregation. Measurement, Modelling and Simulation, Butterworth Heinemann, Oxford，1995.

4. Mandelbrot B. The Fractal Geometry of Nature, W. H. Freeman, New York，1982.

5. Mühle K. Floc stability in laminar and turbulent flow, in Coagulation and Flocculation, Dobias, B.，（Ed.），Marcel Dekker, New York，1993.

6. Thomas D N, Judd S J, Fawcett N. Flocculation modeling：a review, Water Research，33，1579，1999.

6 混凝和絮凝

6.1 术语

6.1.1 “混凝”和“絮凝”

本章重点讨论在水体中的小颗粒可以形成较大的聚集体，通过沉淀、浮选、过滤过程更容易除去的物理分离过程。假设这些颗粒处于胶体意义上的稳定（见第4章），聚合过程中有两个关键步骤（见图6-1）：（1）颗粒脱稳；（2）颗粒碰撞形成聚集体。

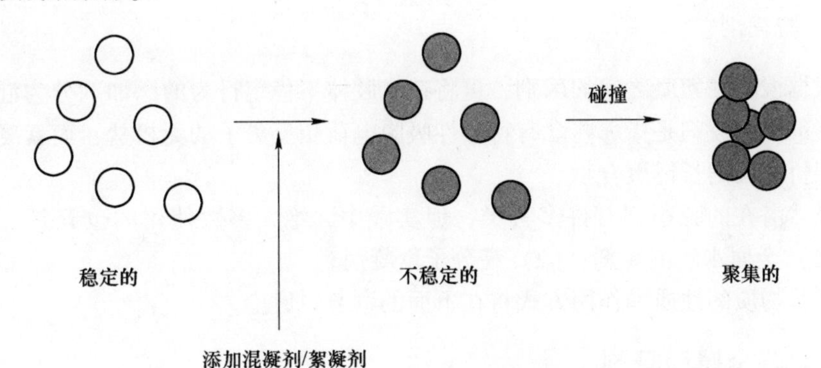

图6-1 颗粒的不稳定和聚集过程

本书将主要研究那些凭借自身表面电荷而形成双电层斥力的稳定颗粒。在这种情况下，脱稳涉及了离子强度的增加或者颗粒电荷中和（见第4章）。如本章所述，为了增加离子强度，仅仅加盐是不实际的，还必须用到其他添加剂。颗粒脱稳的目的是使碰撞效率 α 尽可能高，理想情况下是 $\alpha=1$，即每一次碰撞都会引起聚集。

即使颗粒是完全脱稳的，也就是 $\alpha=1$，如果要形成聚集体，碰撞是必不可少的。在第5章中，了解到颗粒碰撞频率很大程度上取决于颗粒浓度和碰撞机制。在低浓度分散体中，颗粒的碰撞频率可能很低，即使颗粒完全不稳定，长时间内也可能无法形成聚集。由于胶体相互作用的短程性，通常可以把脱稳和碰撞过程视为独立的。换句话说，几乎可以肯定地认为碰撞频率不受胶体相互作用的影响。

到目前为止，本书把术语“聚合”使用在一般的观念上，来表示任何通过颗粒群聚在一起可以形成较大单元的过程。对于广泛使用混凝和絮凝，没有统一定论，有至少两种约定俗成的应用。

在胶体科学领域中，混凝通常是指由单纯的盐作用或通过电荷中和作用，颗粒聚集变小、变密实从而脱稳的过程。絮凝通常是指以聚合物桥接为主导机制的颗粒趋于变大从而形成絮凝体的过程。由于聚集体的分形性质（见第 5. 3. 1 节），较大的结构体自然倾向于更开放和疏松。小而致密的凝结物在聚合物条件下，在颗粒间强聚合力作用下，必然聚集形成大而疏松的絮体。另外，在二级极小值时的凝聚，絮凝也会发生（见第 4. 4. 1 节）。

另外，在水和水处理领域，絮凝和混凝的差别很大，混凝是指在适量添加剂的作用下，颗粒失稳的过程；絮凝是通常由于流体运动而形成聚集体的过程（如同向流动的聚合）。这些过程对应于图 6-1 的两个阶段，可视为聚合过程中存在的化学作用和物理作用。

6. 1. 2 脱稳剂

根据混凝和絮凝之间的区别，可将造成胶体不稳定行为的添加剂分为混凝剂和絮凝剂。混凝剂是指那些含有特异性吸附电荷相反离子的无机盐，而絮凝剂是指起架桥作用的长链聚合物。

虽然潜在的脱稳剂有许多种类，但实践中，绝大多数使用的也只是一到两种：（1）金属水解混凝剂；（2）高分子絮凝剂。

这些物质的性质和作用方式将在下面的章节中讨论。

6. 2 水解金属混凝剂

最广泛使用的混凝剂是基于铝盐和铁盐，如硫酸铝（“明矾”）和氯化铁。起初，它们的作用被认为是由于金属的三价性质引起的，溶解状态下的 Al^{3+} 和 Fe^{3+} 被认为对不稳定的带负电荷的胶体非常有作用。然而，这个观点过于简单化，因为三价金属离子在水中易水解，这对它们作为混凝剂时的行为有着巨大的影响。

6. 2. 1 金属阳离子水解

在某些情况下，在水中的金属离子主要以简单的水合阳离子的形式存在。例如，碱金属离子（钠离子和钾离子），由于水的极性，所以在一定程度上这样的阳离子是与水结合的，这意味着它们是由一定数量的水分子包围着，这些水分子是由金属正离子和水分子负（氧）端之间的静电吸引所维持着。就一级水化外壳而言，水分子与中心金属离子直接接触，在二级水化层中，更多的水分子松散排列着。

就三价金属离子 Al^{3+} 和 Fe^{3+} 而言，一级水化层由六个水分子通过八面体配位组成的，如图 6-2(a) 所示。因为中心金属离子上的高价正电荷，可以推断有一个电子在水分子中趋于这个金属离子，这会导致解离出一个质子即 H^+，而留下一个附着的羟基和一个正电荷减少的金属离子，如图 6-2(b) 所示。因为这个过程实质上涉及水分子的分裂，所以把它称为我们熟知的水解。由于水解会导致氢离子的释放，所以这很大程度上取决于溶液 pH 值。高 pH 值促进解离，反之亦然。此外，由于质子的释放，正电荷的降低会使得进一步的解离更困难。它遵循的规律是：随着 pH 值的增加，有一系列的水解平衡如下：

$$Me^{3+} \longrightarrow Me(OH)^{2+} \longrightarrow Me(OH)_2^+ \longrightarrow Me(OH)_3 \longrightarrow Me(OH)_4^-$$

为简单起见，在水化层中的水分子可以省略。

在水解过程中的每一个阶段都有一个相应的平衡常数 K：

$$M^{3+} + H_2O \longleftrightarrow M(OH)^{2+} + H^+,\ K_1$$

$$M(OH)^{2+} + H_2O \longleftrightarrow M(OH)_2^+ + H^+,\ K_2$$

$$M(OH)_2^+ + H_2O \longleftrightarrow M(OH)_3 + H^+,\ K_3$$

$$M(OH)_3 + H_2O \longleftrightarrow M(OH)_4^- + H^+,\ K_4$$

这些都是用常规的方式进行定义，所以就 K_2 而言，例如：

$$K_2 = \frac{[M(OH)_2^+][H^+]}{[M(OH)^{2+}]} \tag{6-1}$$

式中，方括号表示的各种物质的摩尔浓度。

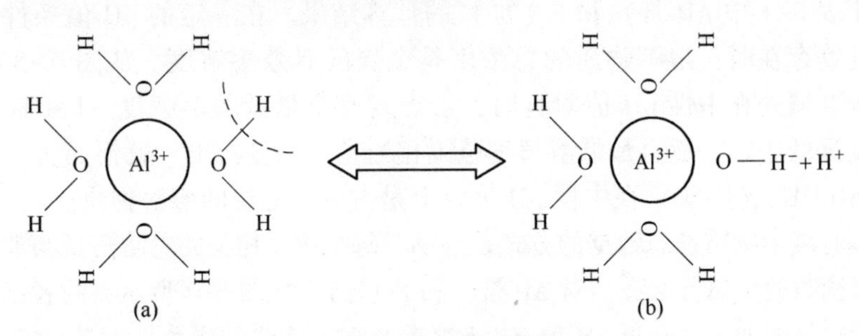

图 6-2 Al^{3+} 的水解

(a) 水合铝阳离子（仅部分水分子被显示）；(b) 失去 H^+ 后形成 $Al(OH)^{2+}$

对于 Al(Ⅲ) 和 Fe(Ⅲ)、不带电荷的氢氧化物、$M(OH)_3$，在水中的溶解度很低，在一定的 pH 值范围内容易形成沉淀。这种沉淀对金属混凝剂的水解作用非常重要（见下文）。如之前列出的平衡常数，金属氢氧化物的溶解度常数也是需要的，它是以如下溶解的固体相为依据，例如 $M(OH)_3(s)$：

$$M(OH)_3(s) \longleftrightarrow M^{3+}+3OH^-,\ K_S$$

$$K_S = [M^{3+}][OH^-]^3 \tag{6-2}$$

如果获得了真实的平衡，那么对于那些稳定的晶体形式，如铝和铁分别对应的三水铝矿和针铁矿的适当的溶解度常数也会得到。然而，这些过程通常是缓慢形成的（通常是数周或数个月）。从凝结过程的角度来看，考虑最初形成的非晶态沉淀溶解度常数（K_{Sam}）更确切。然而，这些值受不确定因素限制，只能给出估计值。通常它们比相应的固体结晶的值至少大 100 倍，因此，非晶物质能更有效地溶解。

表 6-1 给出了在 25℃和零离子强度下铝配合物和铁配合物的水解常数和溶解度常数，它们适用于许多低盐浓度的溶液，典型的如自然水体。常数是由常规 pK 的形式给出，其中 $pK=-\lg K$。

表 6-1 Al(Ⅲ) 和 Fe(Ⅲ) 的水解平衡常数（p*K* 值）和它们的非晶态氢氧化物溶解度（在 25℃和离子强度为零时的值）

离子	pK_1	pK_2	pK_3	pK_4	pK_{Sam}
Al^{3+}	4.95	5.6	6.7	5.6	31.5
Fe^{3+}	2.2	3.5	6	10	38

各种无定形的水解态的浓度可以根据 pK 的值计算出来，它是关于 pH 值的函数。

由于无定形沉淀的溶解度常数的不确定性，所以结果可能是不完全可靠的，但是它给出了不同 pH 值时物质之间的相对含量。图 6-3 是一个形态分布图，展示了基于表 6-1 中 Al(Ⅲ) 和 Fe(Ⅲ) 的计算结果。在一定的 pH 值条件下，非晶态沉淀物存在时，溶解物质的总浓度是金属的有效溶解度。从图 6-3 明显看出，两种金属处在中性 pH 值附近时，会出现一个最低的溶解度。Fe(Ⅲ) 的最低溶解度远低于铝，而且最低溶解度范围相当宽。明显看出，就铝而言，阴离子形式的 $Al(OH)_4^-$(铝酸) 在中性 pH 值以上是占主导地位的溶解物质。

另一种展示物质形态数据的方式是绘制与每个物系相关的总溶解量与非晶态氢氧化物平衡时的摩尔分数图。对 Al(Ⅲ) 和 Fe(Ⅲ)，如图 6-4 所示，两者结果存在较大差异。就铝而言，在低 pH 值（4.5 之前）时，主要的物系是 Al^{3+}，在 pH 值高于 7 时，主要是以铝酸离子 $Al(OH)_4^-$ 形式存在。中间形态的物质在 pH 值为 4~6.5 的范围内起到了较小的作用。对于 Fe(Ⅲ)，各种物质形态存在于一个更广泛的 pH 值范围内（约 8 个单位），处在某些 pH 值时，其各个水解产物占主导地位。

对金属离子水解来说，这是预期的行为。Al 的各种形态被“挤”到一个很窄的 pH 值范围的原因被认为是从八面体配位的 $Al^{3+}\cdot 6H_2O$ 过渡到四面体的$Al(OH)_4^-$。

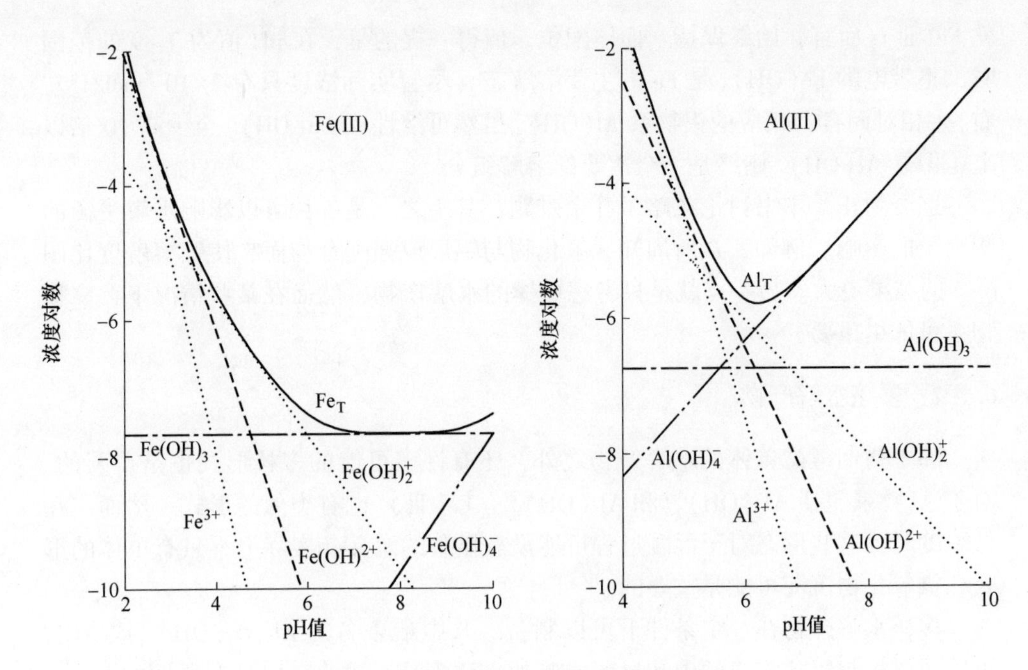

图 6-3 Fe(Ⅲ) 和 Al(Ⅲ) 的物质形态图

(只给出了单分子的水解产物)

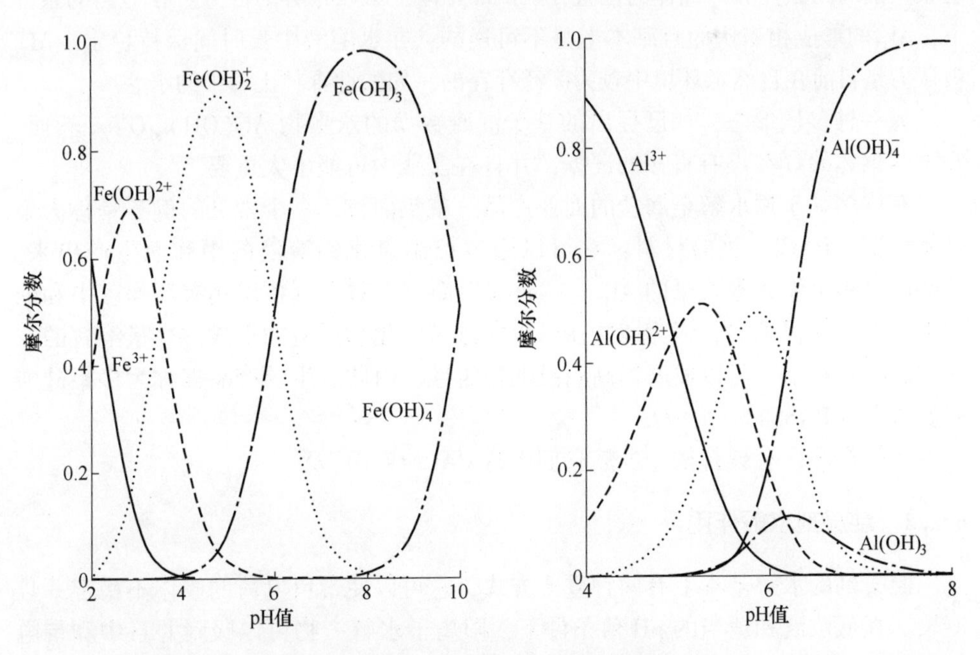

图 6-4 Fe(Ⅲ) 和 Al(Ⅲ) 的水解态相对于总的

可溶性金属含量的比例(摩尔分数)

就 Fe(Ⅲ) 而言，始终保持八面体配位。值得一提的是，在 pH 值为 7~9 的范围时，不带电的 $Fe(OH)_3$ 是 Fe 的主要溶解态（尽管实际浓度只有 2×10^{-8}mol/L 左右）。相对而言，相应的铝物系 $Al(OH)_3$ 虽然可溶性比 $Fe(OH)_3$ 至少高 10 倍以上，但是 $Al(OH)_3$ 始终是一个次要的溶解组分。

迄今为止，本书讨论忽略了几个难题，其中之一是各种可以影响水解平衡的阴离子的影响。例如，众所周知，氟化物与铝形成强配合物而它使铝溶解度比图 6-3 的结果更大。另一点就是只考虑单体的水解产物，然而在某些情况下，多核物系可能更重要。

6.2.2 多核水解产物

除了初期考虑单体的水解产物之外，还有许多可能的多核形式也是重要的。对于 Al 物系包括 $Al_2(OH)_2^{4+}$ 和 $Al_3(OH)_4^{5+}$，Fe(Ⅲ) 也有类似的形式。然而，在低浓度时，这些形态对于混凝过程可能没有显著的意义。实际上，只有单体的形式和氢氧化物沉淀可能是重要的。

多核水解产物在一定条件下可以制备。其中最著名的 $Al_{13}O_4(OH)_{24}^{7+}$或 Al_{13}，可以通过控制铝盐溶液的中和过程或其他方法形成。这个 Al_{13}具有所谓的 keggin 结构，它是由一个中心四面体结构组成的 AlO_4^{5-} 单元被 12 个共用边的铝八面包围组成。铝的四面体和八面体的位置在^{27}AlNMR 谱上可以很容易区分。在适当的条件下，Al_{13}的形成相当快而且基本上是不可逆的，在水溶液中长时间保持稳定。Al_{13}被认为是目前在自然水环境中较为广泛存在的，如酸性森林土壤中的水。

另一种多核形态，如已提出的基于混凝数据的八聚物 $Al_8(OH)_{20}O^{4+}$。然而，对于八聚体的存在没有直接的证据，并且在实践中可能不太重要。

有许多基于预水解金属盐的商业产品。就铝而言，一个常见的例子是称为聚合氯化铝（PACl）类的材料，它可以通过控制氯化铝溶液的中和而生产出来。这些产品很可能含有大量的 Al_{13}。就硫酸铝而言，对于制备出具有高程度中和的预水解形式是很难的，因为硫酸盐可以促进氢氧化物沉淀的形成。少量溶解的二氧化硅的存在下，可以显著提高商品的稳定性，由此产生的产品被称为多铝硅酸盐硫酸盐（PASS）。

有的产品含有聚合铁，虽然它们没有 PACl 应用广泛。

6.2.3 混凝剂水解作用

混凝剂的水解基本上有两种重要方式，它可以使带负电荷的胶体不稳定并且凝聚。在低浓度和适当的 pH 值条件下，阳离子水解产物可以吸附并且中和带电颗粒，从而导致带负电胶体脱稳和凝结。处于高浓度的混凝氢氧化物沉淀的出现起着非常重要的作用，可形成所谓的卷扫混凝或卷扫絮凝。

6.2.4 由吸附物引起的电荷中和

金属离子处于非常低的浓度时，只有水溶物的存在，即水合金属离子和各种水解产物（见图6-3）。一般认为，水解阳离子（如 $Al(OH)^{2+}$）要比游离的金属离子在负电荷表面的吸附更坚固，因此可以有效地中和表面电荷。一般来说，在低金属离子浓度时用铝盐使电荷中和，在中性左右的条件下，铝盐用量通常达到几微摩尔每升电中和才能发生。

研究发现，在 pH 值为 6 的无机悬浮液中，所需的中和表面电荷的铝的量是颗粒表面每平方米约 5μmol（每平方米 130μg 的铝）。然而，即使金属离子浓度非常低，非晶态氢氧化物的溶解度也可能超过该浓度。此外，在中性 pH 值的区域中，阳离子水解产物只代表一小部分可溶性金属离子，特别是对于铝（见图6-4）。在这种情况下观察到电荷中和，表明有效的物系可能是胶体氢氧化物颗粒。就氢氧化铝而言，零电点（pzc）(见第 3.1.2 节）pH 值大约为 8，所以沉淀颗粒在低 pH 值时应该是带正电荷。对于氢氧化铁，其零电点偏低，当 pH 值为 7 左右时出现零电点。即使溶液中溶质的浓度没有超过溶解度，某种形式的表面沉淀也可能因在表面上成核而形成。

实际上，区分表面沉淀和溶液中的胶体氢氧化物颗粒的附着物是困难的。实践中往往是这些效应的组合，并且形成了基于沉淀电荷中和（PCN）的模型，如图 6-5 所示。

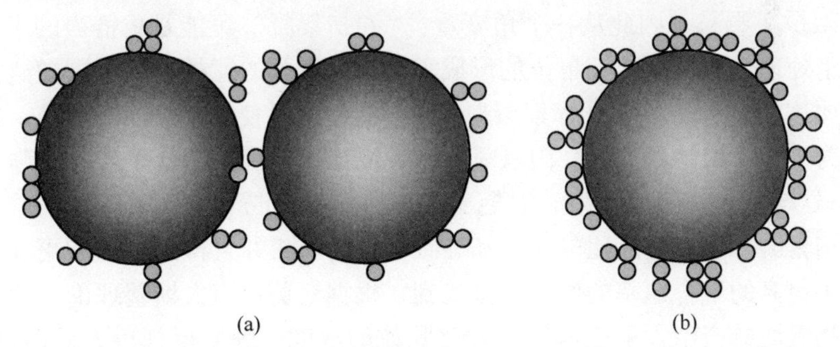

图 6-5 沉淀电荷中和（PCN）模型

（该模型展示了由氢氧化物胶体沉淀引起的颗粒电荷中和和电荷反转）（在 Dentel 之后，1991）

（a）电荷中和；（b）电荷反转

不管电荷中和物质的性质多么确切，它们很可能在高剂量时有能力使电荷反转。这意味着，将有一个最佳剂量，在该剂量下混凝最有效。当剂量更高时，颗粒带正电而且平衡。由于在第 4.4.3 节讨论的最佳剂量必须取决于颗粒浓度，但是在实践中它的值往往偏小。有时，最佳的剂量范围可能是狭窄的，所以有必要精确控制剂量大小。

依靠电荷中和的另一个缺点是，对于低颗粒浓度，碰撞率会很低，并且因此聚集率也会很低，可能需要长时间才产生足够大的聚集体（絮状物）。虽然由吸附小的物质引起的表面电荷中和对提高碰撞率没有任何帮助，但是碰撞效率可以大大提高。

有学者认为预水解混凝剂的优点应该是由于高电荷阳离子物质的存在，如 $Al_{13}O_4(OH)_{24}^{7+}$。该离子携带 7 个正电荷的事实表明，它会非常强烈地吸附在负离子表面，这在中和颗粒电荷时是有效的。应该指出的是，Al_{13}形态大约只有每个铝原子基本电荷的一半，而如 Al^{3+}、$Al(OH)^{2+}$这样的形式，在原则上，对每个铝可提供更多的电荷。可以接受的是，像 Al_{13}这样的形态可以在中和电荷时更有效，而仍然很难明白的是，在最佳用量时，凝聚速率是怎样明显高于其他种类吸附性阳离子的。

6.2.5 卷扫絮凝

在大多数的实际水处理操作中，金属混凝剂的投加量比非晶态氢氧化物的溶解度和有大量沉淀发生时的浓度高很多。相对于简单的电荷中和，它可以实现更有效的分离，但原因仍无法完整给出。最有可能的解释是，原来的杂质颗粒以某种方式掺入到越来越多的氢氧化物沉淀中从而从悬浮液中除去。这部分颗粒的行为通常被认为是一个“清扫”行为，因此才有了术语“卷扫混凝”或“卷扫絮凝”。

鉴于第 1.1 节所讨论的术语，术语的选择有点主观。氢氧化物沉淀，可以被视为“架桥”颗粒，因此从一个角度看，“卷扫絮凝”可能是更恰当的术语。另外，在水处理、大型氧化聚集体的形成需要某种形式的搅拌，因此同向碰撞是重要的，而这又支持使用术语“絮凝”。然而，也广泛使用“卷扫混凝”，把这些术语视为可替换的是更好的。因氢氧化物沉淀形成的聚集体几乎普遍被称为“絮状物”。这与大多使用的称为“混凝剂”的添加剂相混淆。

卷扫絮凝几乎总是能比电荷中和导致更快的聚集并且得到更强和更大的絮状物。对于更高的聚合速率的原因不难找到。根据斯莫卢霍夫斯基理论（第 5 章），氢氧化物沉淀的产生大幅度增加了有效颗粒的浓度，因此得到更大的碰撞速率。氢氧化物沉淀是由大量的胶体颗粒形成的，它是在加料后很快就形成了。这些小颗粒的聚集产生了低密度体积较大的絮体。根据同向聚集理论（见式（5-24）），碰撞速率与悬浮颗粒的体积分数成正比，它可以通过氢氧化物沉淀而大大增加。这就是为什么卷扫絮凝比电荷中和更有效的主要原因。在“卷扫”条件下产生的絮状物也更强，因此在相同的剪切条件会变得更大。然而，相比那些通过高分子絮凝剂形成的絮状物，氢氧化物絮状物仍是较弱的（见第 6.3 节）。

卷扫絮凝的一个主要优点是，无论是细菌、黏土、氧化物或是其他物质，它不依赖于要去除的杂质颗粒的性质。对于相对稀的悬浮液，最佳的混凝剂投加量是可以最快速地产生氢氧化物沉淀，并且几乎不依赖悬浮颗粒的性质和浓度所对应的量。

氢氧化物絮体导致一个值得注意的实际问题——大量需要某种方式来处理的污泥的产生。在一个典型的水处理厂，产生的大部分污泥与金属氢氧化物有关，而不是从水中除去的杂质。虽然就卷扫絮凝来说，通常没有明显的再稳定性，絮凝剂也因此没有最佳投加量，但是最好不要过量投加，以此来制约污泥产生量。

预水解混凝剂的作用，如聚氯化铝，在典型的剂量下也很可能涉及氢氧化物沉淀和卷扫絮凝，虽然还没有完全研究这一点，但有证据表明，沉淀物的性质不同于与“明矾”形成的絮凝体。

6.2.6 总结

随着悬浮液中混凝剂水解带负电的颗粒量的增加，确认出四个不同的区域：

（1）区域 1：极低剂量；颗粒仍阴性，因此是稳定的。

（2）区域 2：投加量足以使电荷中和，从而混凝。

（3）区域 3：高剂量使得电荷反转并且再稳定。

（4）区域 4：投加量仍然很大从而产生氢氧化物沉淀和卷扫絮凝。

图 6-6 显示了一个标准悬浮物体分离试验，这个过程通常在水处理应用中使用。在这一过程中，在标准的混合与沉淀条件下，悬浮液中加入不同量的混凝剂。通常在投加药剂后立即有一个简短的快速混合期。接着是一个较长时期的缓慢搅拌过程，在这期间因同向聚集作用而形成絮状物。然后在一个标准的时间内絮状物产生沉淀，之后，取样本上清液并对其浊度进行测量。余浊对在沉淀过程中的去除程度给出了一个很好的指示，从而得出混凝/絮凝过程的有效性。

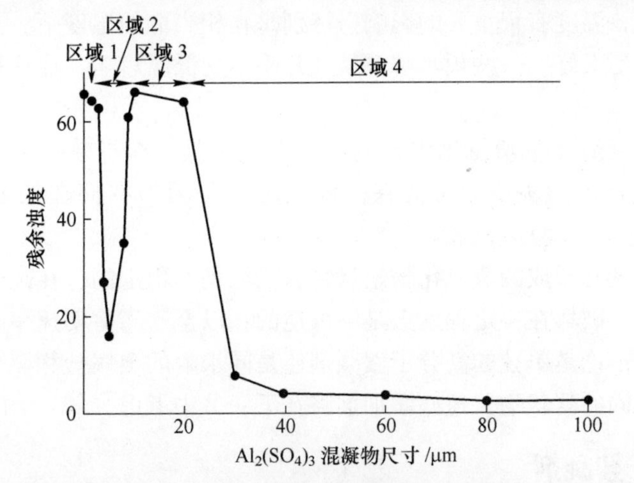

图 6-6 经 pH 值为 7 超过一定浓度范围的硫酸铝混凝后高岭土悬浮液的残留浊度

（伦敦大学 J. Duan 1997 年的博士学位论文数据的重绘）

图6-6显示了在非常低的混凝剂剂量下，残留的浊度是高的，这表明很少或没有沉淀（区域1)。随着剂量的增加，有一个相当狭窄的范围（区域2)，其中残留的浊度显著地减少。这是由吸附的物质引起电荷中和的区域，并且很容易发现，颗粒电荷（例如通过电泳迁移率或流动电流测量，见第3章）约为零。投加的剂量越高则残留浊度越高，这表明颗粒的再稳定是由于过量的吸附和电荷反转导致的（区域3)。最后，当投加的剂量更高时，由于氢氧化物沉淀和“卷扫絮凝”（区域4）的原因，残留浊度大幅减少。应当注意的是，区域4的残留浊度要低于区域2，这显示了“卷扫絮凝”比电荷中和形成的絮状物更大更快。另外，如前所述，区域4后没有再稳定阶段。

图6-6所示的行为是pH值约为7时典型的铝盐。在这些条件下，氢氧化物沉淀是带正电荷的。在pH值接近等电点时（约为8)，区域2可能几乎存在，此时只有“卷扫絮凝”起作用。

6.2.7 应用方面

一些重要的因素，如阴离子种类和温度，可以极大地影响混凝剂水解的性能。

几种常见的阴离子可以通过Al(Ⅲ）和Fe(Ⅲ）形成复合物并且可以显著地影响氢氧化物沉淀。一个重要的例子是硫酸盐，它在水中自然存在，在水处理中可以硫酸铝或硫酸铁的形式添加。硫酸根与铝的协调程度很强，但主要作用是在形成沉淀的过程中。在硫酸铝未到等电点时（即pH值低于大约8)，硫酸盐可以吸附到沉淀上，并降低它的正电荷。这意味着胶体沉淀可以更迅速地聚集，从而产生大的氢氧化物絮状物。

在实践中，温度有很重要的影响。特别是在相当低的温度下，会导致常规的铝混凝剂效果不太好。一些预水解混凝剂几乎不受低温影响，往往被首选应用于寒冷地区。

预水解混凝剂（如聚氯化铝）的另一个优点是，在有效剂量下，它们比简单的金属盐生产的污泥少。可能在一定程度上是因为它们在低浓度下是起作用的。

在卷扫絮凝时形成的氢氧化物絮状物，往往是不稳定的，在高剪切条件下容易破坏。此外，破坏在一定程度上是不可逆的，以至于当剪切速率降低时絮状物不轻易改变。不论是单独的高分子絮凝剂还是同水解的金属盐相联合，都可以产生明显的更坚固的絮状物。这些添加剂将在下一节中考虑。

6.3 高分子絮凝剂

在第4章中讲到，被吸附聚合物的颗粒之间可能产生排斥力（空间颗粒之间的斥力）或吸引力（聚合物架桥）。本章将讨论聚合物的不稳定行为。对于吸附的非离子聚合物来说，颗粒之间的吸引力完全是“架桥”效应引起的。然而，对于带电聚合物（或聚合电解质），电荷中和作用也有可能产生吸引力。虽然这两个作用可能同时存在，但是将两者分开来讨论更为合理。首先要考虑的是高分子絮凝剂的性质及其对水中颗粒的吸附作用。

6.3.1 溶液中聚合物和聚电解质的性质

聚合物是由至少一个重复单元（或单体）组成的长链分子。它们的相对分子质量从几千至数百万（或达到上千单位单体）不等。聚合物可能本质上是线性的或有广泛的分支。然而，几乎所有有效的高分子絮凝剂具有线性结构，本书只考虑这一类型。

如果完全伸展，具有非常高的相对分子质量的聚合物，其长度接近 100μm (0.1mm)。而在溶液中，聚合物无规卷曲构型的尺寸小得多（通常小于 1μm）。聚合物无规卷曲构型可认为是随机游动的，类似于布朗运动（见第 2 章第 2.3.2 节）。它在溶液中的有效尺寸（例如，回转半径）与相对分子质量的平方根成比例。

如果单体单元有电离基团，就可以带电性。这可能导致聚合物链的片段之间出现显著斥力并因此使典型的无规卷曲结构扩展开。带电基团之间的排斥作用可由溶液中离子被“筛选”，大致和双层斥力在高盐浓度下被减小（见第 4 章）的方式一致。所以，离子强度对水溶液电解质链扩张具有重要作用，如图 6-7 所示。

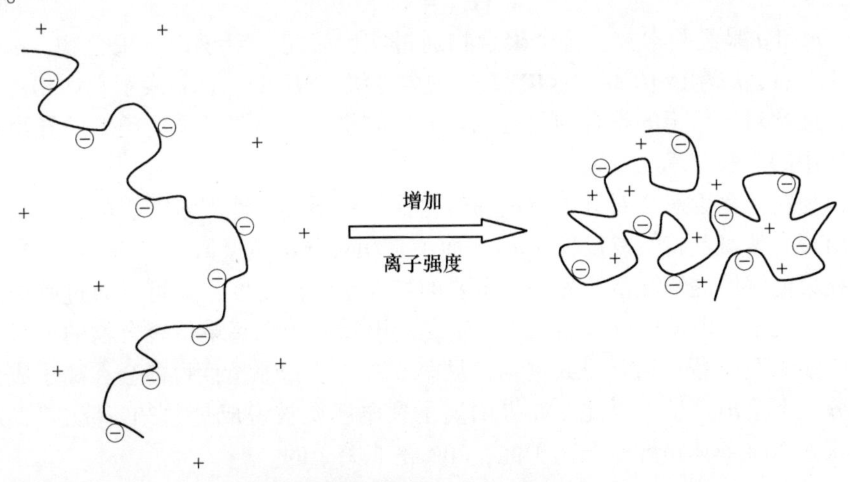

图 6-7 离子强度对溶液中阴离子的聚电解质分子构象的影响
（更高的盐浓度导致链条采取无规卷曲结构，
在低盐浓度的链则更加延展）

在溶液中聚合物的特征经常由光散射或黏度计反映出来，这两者都取决于尺寸相对较大的聚合物分子。原则上，这两种方法都可以给出关于相对分子质量的信息，虽然结果不容易解释。对于黏度，很容易想到特性黏度，这个概念将在后面介绍。

聚合物溶液的黏度可以较容易地通过毛细流动法获得。对于固定体积的溶液，在规定条件下通过毛细管所需的时间和黏度成正比。因此，一个聚合物溶液的黏度，相对于溶剂（水）仅是流动时间的比率。比黏度溶液被定义如下：

$$\mu_{sp} = \frac{\mu - \mu_0}{\mu_0} = \frac{t - t_0}{t_0} \tag{6-3}$$

式中，μ 和 μ_0 是聚合物溶液和水的黏度；t 和 t_0 分别是对应的毛细管流动时间。比浓黏度是由比黏度除以聚合物浓度 c 而得：

$$\mu_{red} = \frac{\mu_{sp}}{c} \tag{6-4}$$

如果比黏度与浓度成正比，则比浓黏度应该是恒定的，与浓度无关。通常比浓黏度呈非线性，但是比浓黏度与浓度的关系常常是接近线性的，并且可以将线外推到浓度零，这称为特性黏度 $[\mu]$。从 $[\mu]$ 的定义可知这个量具有倒数浓度的维数，并且取决于所用的浓度单位。例如，聚合物浓度可以表示为 g/L，而特性黏度将具有单位 L/g。

对于聚合电解质特性黏度通常在高盐浓度（典型的 3mol/L NaCl）中测定，尽量减少电荷对聚合物构象的影响，使链呈现出无规卷曲构型。

特性黏度是由与聚合物相对分子质量相关的 Mark-Houwink 方程定义：

$$[\mu] = kM_V^a \tag{6-5}$$

式中，k 和 a 是经验常数，每个聚合物通过实验确定。对于许多聚合物，a 的值为 2/3 左右，k 为 $1\times10^{-5} \sim 10\times10^{-5}$L/g 的数量级。$M_V$ 的上标 a 表示黏均相对分子质量。通常对于给定的聚合物会有相对分子质量分布，并且平均类型的导出取决于所使用的实验技术。

因为特性黏度对相对分子质量的转化受一些不确定性因素的影响，厂商有时只给出聚合絮凝剂特性黏度值 $[\mu]$，而不是相对分子质量值。

在聚电解质的情况下，另一个重要的特性是电荷密度，其可以通过胶体滴定法方便地测定。电荷密度被表示为一定量的电荷基团占每单位聚合物的质量。然而，许多商业产品（通常是共聚物，见第 6.3.2 节）制造商可能会在离子成分的摩尔分数上给出信息。因此，如果阳离子聚电解质被说成是“30%带电”，这通常意味着 30%单体单元是阳离子的，70%是非离子的。

6.3.2 高分子絮凝剂的例子

有许多类型的聚合物絮凝剂用于各种固液分离过程，虽然那些常用种类很少。概括地说，这些絮凝剂可以根据它们的带电性分类成三个类型：

(1) 非离子型（不带电荷）。

(2) 阴离子（带负电）。

(3) 阳离子（带正电荷）。

在这些种类中，不同絮凝剂的化学结构、相对分子质量以及电荷密度具有巨大的差异。

有几个关于高分子絮凝剂天然产物的例子，包括鱼胶、明胶、淀粉和藻酸盐，这些絮凝剂目前仍在使用，特别是在澄清的可饮用液体方面，如啤酒和葡萄酒。改性淀粉（阳离子淀粉）常用于造纸业中。

壳聚糖是从壳中提取的阳离子聚合物，特别是蟹壳，它经常被作为生物和其他领域的水处理絮凝剂。几个世纪以来，某些植物的坚果和种子被用来澄清浑浊的水。原材料包括印度尼尔马利树的种子以及生长在苏丹、秘鲁和印度尼西亚的辣木植物（常被称为 kelor）。

然而，从源头上看，常用的绝大多数高分子絮凝剂都是合成的，许多都是基于丙烯酰胺单体，它能很容易聚合得到相对分子质量非常高的高分子产品（可达 20 万以上）。聚丙烯酰胺（PAM）的结构如图 6-8 所示。第一个没有离子基团，表示一个非离子型聚合物。然而，聚合物主链上的酰胺基团可被水解，得到羧酸基团，如图所示改性后的单体单元则变得像聚丙烯酸。在 pH 值大约为 5 或更高时，酸基基团电离产生羧基离子，从而使聚合物获得阴离子特性。

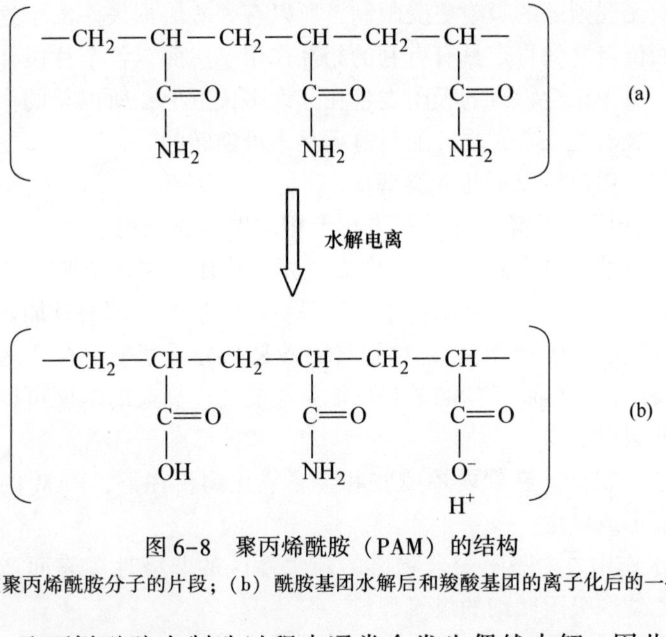

$$\left(\begin{array}{cccccc} -CH_2- & CH- & CH_2- & CH- & CH_2- & CH- \\ & | & & | & & | \\ & C{=}O & & C{=}O & & C{=}O \\ & | & & | & & | \\ & NH_2 & & NH_2 & & NH_2 \end{array}\right) \quad (a)$$

$$\Big\Downarrow \text{ 水解电离}$$

$$\left(\begin{array}{cccccc} -CH_2- & CH- & CH_2- & CH- & CH_2- & CH- \\ & | & & | & & | \\ & C{=}O & & C{=}O & & C{=}O \\ & | & & | & & | \\ & OH & & NH_2 & & O^- \\ & & & & & H^+ \end{array}\right) \quad (b)$$

图 6-8 聚丙烯酰胺（PAM）的结构

(a) 在聚丙烯酰胺分子的片段；(b) 酰胺基团水解后和羧酸基团的离子化后的一些片段

事实上，聚丙烯酰胺在制造过程中通常会发生偶然水解，因此，即使标称

"非离子物质"的PAM也可稍带有阴离子的性质。控制水解可以给予适度的负电荷，但它也可能由丙烯酰胺和丙烯酸的共聚来产生阴离子PAM。以这种方式可以达到100%阴离子电荷（在这种情况下，聚合物将是纯聚丙烯酸）。阴离子的PAMs的电荷密度通常以百分比表示。例如，"30%电荷"意味着该丙烯酰胺基团的30%以上由丙烯酸单元取代。

基于聚丙烯酰胺的阳离子聚电解质被广泛使用。这些可通过与二甲胺在酰胺基团和甲醛的反应（曼尼希反应）或通过丙烯酰胺与阳离子单体的共聚来制备，例如二甲基氨基乙基甲基丙烯酸酯（DMAEMA），在这两种情况下，所得到的胺基可被季铵化以得到强阳离子基团（其中的电荷基本上独立于pH值）。电荷密度常被表示为阳离子基团摩尔分数的形式。以聚丙烯酰胺为基础的阳离子聚电解质具有很高的相对分子质量。

商业高分子絮凝剂的实例如下：

（1）非离子型：聚乙烯醇（PVA）、聚环氧乙烷（PEO）。

（2）阴离子型：聚苯乙烯磺酸钠。

（3）阳离子型：聚乙烯亚胺、聚烯丙基二甲基氯化铵（聚DADMAC）、聚(2-乙烯基咪唑啉)。

6.3.3 高分子吸附

为了有效地絮凝，聚合物需要被吸附在颗粒上。一般的，聚合物链在表面上的吸附比溶液无规则链的吸附更受限制，所以有一些熵损失。出于这个原因，聚合物段和表面位点之间肯定具有有利的相互作用。然而，各个片段和表面之间的吸引是弱的，因为聚合物链的吸附发生在其许多位点上，所以总的作用力强。事实上，聚合物吸附往往非常强，而且过程是不可逆转的。

吸附相互作用包括以下几种类型：

（1）静电作用。当聚电解质吸附在带相反电荷物质的表面上（例如，阳离子聚合物吸附在带负电表面），静电引力是相互作用的主要贡献，并且吸附力很强。即使相对分子质量低，吸附基本上也是可以定量的（即所有加入聚合物的吸附，至少到所述电荷中和点）。这种强吸附性是高分子絮凝剂在实际中被广泛应用的一个重要因素。然而，盐的效果可能是重要的。高盐的浓度可以筛选电荷的相互作用，使吸附变弱。

（2）氢键。例如，在聚丙烯酰胺和金属氧化物存在下，PAM的酰胺基和表面羧基之间能形成氢键。

（3）疏水作用。由吸附聚合物链的疏水性区的非极性段表面产生。一个例子是聚环氧乙烷的吸附微细的煤炭颗粒。

（4）离子结合。聚电解质如同标签一样的被吸贴在物体表面（反抗静电排斥）是可能的（常见的）。一个常见的例子是阴离子 PAM 吸附在负电表面上，在某些情况下，通过干预某些金属离子，尤其是二价离子，如钙。这些可以通过“钙桥接”机制连接PAM上阴离子表面活性位置，这在生物学是公知的。有些带负电颗粒在钙离子浓度相当低的条件下，容易被阴离子 PAM（约 1mmol/L 或更高）凝聚，但不存在钙时，则无絮凝发生。

当聚合物链从溶液中吸附在物质表面上时，原无规卷曲结构不再保持，聚合物许多位点因为如前所述的相互作用被吸附。从本质上讲，链条不再卷曲，并最终适应了一个平衡配位吸附，如图 6-9 所示。在一个吸附的聚合物链上，聚合物片段可能有以下几种情况：

（1）附着排列在其表面。

（2）尾段投射在溶液中（每两个链）。

（3）形成圈状，链连接在一起。

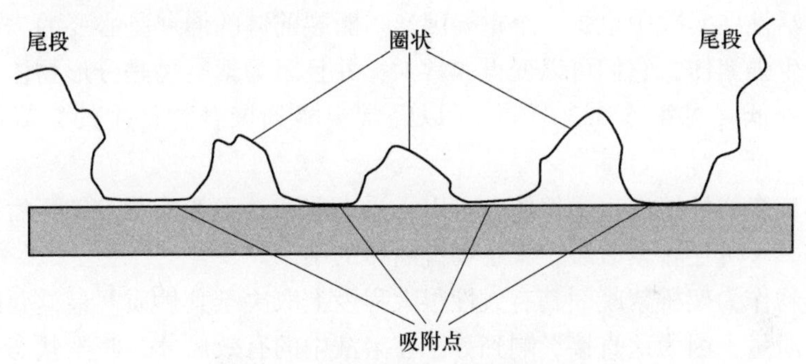

图 6-9 吸附聚合物链的平衡构象

要注意的是，图 6-9 是常见的表示的平衡状态的图片，从链条与表面第一接触的瞬间开始，这种平衡状态可能需要一些时间去实现。聚合物吸附动力学方面，仍然没有得到很好的理解，但对于长链聚合物，为要达到平衡构象，需要几十秒或更长时间的假设是合理的。这个过程对聚合物絮凝动力学是非常重要的（见第 6.3.6 节）。

尾端和圈状部分的长度和吸附聚合物层有效厚度极大地依赖于聚合物片段和表面之间的相互作用。在静电吸引的情况下，比如说，高电荷的阳离子聚电解质和带负电的表面，该链很可能采取平坦吸附构象。然而，由于较弱的相互作用，被吸附链的片段将进一步伸入到溶液中。

6.3.4 架桥絮凝

当吸收聚合物被加入到颗粒悬浮液中，单链可以附着两个或更多个颗粒。除了在浓缩悬浮液中，这是不太可能同时发生的，但是，一旦一个链连接到一个颗粒，与其他颗粒碰撞可以给聚合物之间一个桥接。这已在第 4.5.4 节中简要讨论过，并示意于图 4-13 中。

架桥絮凝的基本要求是，颗粒上应该有足够的未覆盖的表面，以便聚合物的片段吸附在其表面上。换句话说，吸附量不宜过高。另外，为了使颗粒之间有效结合，吸附量不宜太低，否则颗粒之间将不足以形成“桥”。这些因素直接导致了存在最佳的聚合物投加量。Victor La Mer 提出，最佳用量和“半表面覆盖率”相对应。如果聚合物覆盖颗粒表面的部分用比例值 θ 表示，则未覆盖部分是$1-\theta$，则成功碰撞分数（即那些涂覆和未涂覆面之间）正比于 $\theta(1-\theta)$。当 $\theta=0.5$ 时，这个值具有最大值，这符合 La Mer 的“半表面覆盖”的想法。然而，对于吸附的聚合物，很难精确地界定“表面覆盖”。最佳絮凝通常发生在远低于饱和度(单层）的范围。

架桥絮凝的絮体（絮凝物）比那些用盐用于破坏悬浮液的稳定性形成的絮体的强度强得多。由聚合物链连接的颗粒之间的化学键比范德华力强。聚合物桥的结构灵活性在实践中也是一个重要因素。断裂前链的伸展是必要的。由于聚合物桥接产生强絮体，它们可以变得非常大，并且因为絮凝物是分形物体，这意味着絮密度变低（见第 5.3.3 节）。所以经常观察到聚合物产生的絮凝物开放的结构。

虽然聚合物桥接产生强絮体，可以承受高剪切，当絮凝物被破坏后，可能不容易重组。不可逆转絮破裂是聚合物链断裂的结果。

聚合物作为架桥絮凝剂其有效性很大程度上取决于其性质。最重要的属性是相对分子质量，因为这直接影响到分子在溶液中的有效尺寸，吸附状态也会受其影响。高相对分子质量的聚合物絮凝效果好。同理，相同相对分子质量下，线性聚合物通常比带支链或交联结构的絮凝剂更有效。

对于聚合电解质，电荷密度也可以是一个重要的变量。高电荷的链趋于采取更加伸展的结构，如图 6-7 所示，以此被期望成为更有效的桥接剂。然而，对电荷信号一样（如阴离子 PAM 和带负电的颗粒），高电荷聚合电解质会不太容易被吸附，因此可能只是低效絮凝剂。它可能遵循最有效絮凝的最佳电荷密度。对于 PAM 絮凝剂，有时被发现它有水解的最佳程度（因此是阴离子特性的）。这已被引用于 30%水解的区，但在这一点上很难找到一致的结果。

离子强度也被预计在桥接聚电解质的部分有显著作用。增加盐的浓度会减少链的扩张而增加表面电荷的吸附。由于这些原因，有可能有一个最佳的离子强度，虽然没有令人信服的证据支持这一猜想。

总之，架桥絮凝要点如下：

(1) 更高相对分子质量的聚合物是比低相对分子质量的聚合物更有效的絮凝剂。

(2) 对于相同的相对分子质量，线性聚合物通常比支链或交联的聚合物好。

(3) 在聚电解质的情况下，有可能存在最佳的电荷密度。

(4) 离子强度具有最佳值，它的影响可能是重要的。

(5) 非常强的絮凝物可由聚合物架桥形成，絮状物破损过程可能不可逆。

6.3.5 电荷中和“静电补丁”效应

自然界，废水和来自大部分工业的颗粒悬浮液是带负电荷的。在这些情况下，最有效的絮凝经常是阳离子聚电解质，它能将带负电荷的颗粒牢固地吸附。显而易见是电荷中和作用，而不是聚合物桥接。有一些复杂的因素，包括动力学方面（见第6.3.6节），但对于完全稀释悬浮液，需要用最佳絮凝剂浓度去中和颗粒电荷。例如，絮凝剂的浓度使电泳迁移率（或Zeta电位）为零时，通常就是最佳絮凝剂用量。

如果该阳离子聚电解质的作用是简单地中和带电颗粒，则有重要的实际效应。例如，该聚电解质的电荷密度应比相对分子质量更重要。后者仅必须足够高，以保证完全吸附。在实践中，低相对分子质量聚电解质，如聚DADMAC，也是有效的。这些电解质强烈吸附在带负电颗粒上，可中和它们的电荷，从而导致不稳定。吸附剂和被吸附的物质作用很强时，以至于电荷中和时越过零电点，实现电性反转，从而重新实现稳定（见第4章第4.4.3节）。它有最佳絮凝剂用量。这种发生絮凝现象的剂量范围也取决于离子强度。

高电荷的聚电解质倾向于以一个平坦的吸附排列（即与大多数片段是平行排列的如图6-9所示）。这降低了桥接的相互作用，不稳定的主要机制可能是电荷中和。出于这个原因，并基于第6.1.1节所讨论的术语，添加剂如聚DADMAC通常被称为“凝结剂”，而不是“絮凝剂”。

然而，在许多情况下，高相对分子质量阳离子聚电解质更有效，所以架桥相互作用很可能很重要。特别是在需要强絮凝物的情况下，如在污泥脱水和一些矿物加工应用中。聚电解质的阳离子电荷对于强有力的吸附作用仍然是必要的，其长链的性质对于促进颗粒之间的相互架桥作用是非常重要的。在这些情况下，该聚电解质的阳离子电荷密度可能不那么重要，但前提是有很强的吸附发生，以及简单的电荷中和和聚合物架桥，在实践中是非常重要的另一个机制。这就是所谓的静电补丁效应。

当高电荷的阳离子聚电解质吸附在一个带负电的具有相当低的电荷密度的颗粒表面时，通过吸附链上的阳离子片段实现每一个表面电荷单独中和是不可能的。带电颗粒表面位点之间的平均距离可能明显比在聚合物链中阳离子位点之间的间距短。因此，尽管可能会出现整体的电荷中和，在合适的聚合物用量时，会出现电荷的局部不均匀性，提供荷电镶嵌或静电补丁，如图6-10所示。

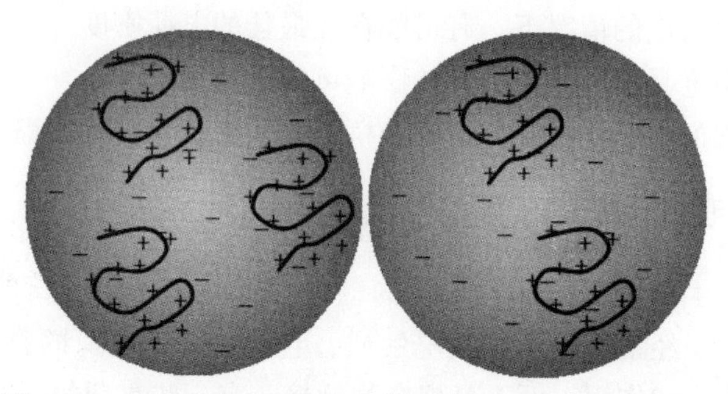

图 6-10 阳离子聚电解质和负带电颗粒“静电补丁”模式

“静电簇”吸附的最重要影响是在没有净电荷的颗粒之间仍可以在电性相反的区域显示很强吸引力。这种额外的吸引力可以提供相对那些通过简单的盐或电荷中和生成的絮体更强的絮体。这些效应取决于离子强度，因为增加盐浓度会造成带相反电荷的斑块之间的吸引力减少。然而，使絮凝发生的絮凝剂的剂量范围也会扩大（见图 4-10）。

6.3.6 聚合物絮凝的动力学

当聚合絮凝剂剂量能形成悬浮颗粒时，几个过程会被启动，其速率可大大影响其絮凝行为。絮凝剂通常以浓缩的形式加入溶液中（通常为 0.1%~1%），得到所需的最终浓度，通常是 mg/L 的级别。这意味着，所添加的聚合物溶液可通过约 1000 倍的比例在给药过程进行稀释。因为聚合物溶液是黏性的，需要剧烈搅拌以实现聚合物分子快速和均匀分布在整个悬浮液中。聚合物分子还需要在絮凝可能发生之前吸附在颗粒上。吸附后，聚合物链发生一些重排或重构，最终将给出一个平衡构型，如图 6-9 所示。颗粒和聚合物发生碰撞，从而导致聚集或絮凝物的形成。最后，存在絮凝物在某些条件下可能破碎。这些过程如图 6-11 所示。

尽管这些是被顺序列出的，但是它很可能几个同时发生，这使得详细分析很困难。各个过程中有些过程的比率可以用简单的模型来估计，对速率的比较可能是有用的。

聚合物在悬浮液中混合是重要的一步，取决于给药期间和给药后搅拌强度。随着低效混合，很可能造成聚合物的局部用药过量并过量吸附一些颗粒而在其他地方颗粒上吸附不足。吸附过剩可以使一些颗粒重新稳定，这可能是为什么细颗粒絮凝沉淀后仍为“霾”。而在下文中，将假设混合足够迅速，以确保在加入聚合物的时候是瞬时分布在整个悬浮液中。

聚合物的吸附可以被视为一个碰撞过程，碰撞速率依赖于传输现象。如果聚合物分子被假定是一个无规卷曲状的球形物，并具有一定的流体动力直径，并且颗粒是均匀的球体，那么就可以用 Smoluchowski 的方法来计算碰撞速率（见第 5 章）。假设一个聚合物分子和颗粒之间的每次碰撞都会导致吸附，这样，碰撞速

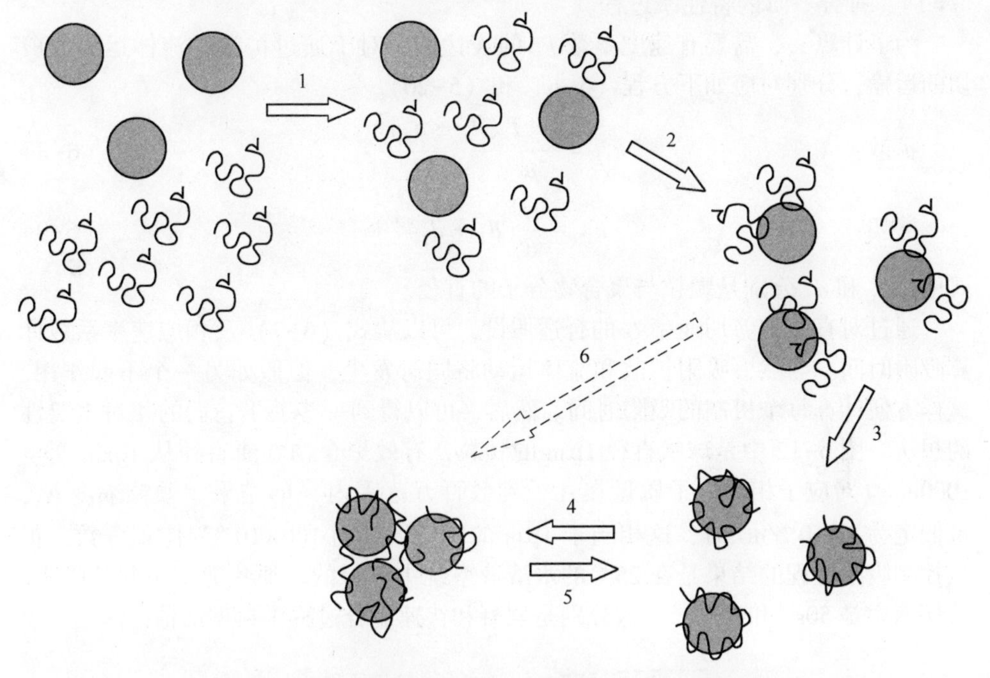

图 6-11 聚合物吸附和絮凝（见正文）的步骤示意图

1—混合；2—吸附；3—吸附链的重构；4—碰撞给絮体；5—絮凝体破碎；
6—表示可与 3+(4，5) 同时发生

率即是吸附速率值，聚合物的分子和颗粒的碰撞是被扩散或是被流体运动约束的，取决于碰撞物种的尺寸和剪切速率。

不管机理是什么，聚合物分子和悬浮颗粒之间的碰撞速率可以写成一个二阶速率方程式，如等式（5-1）。

$$J_{12} = k_{12}N_1N_2 \tag{6-6}$$

式中，J_{12}是在单位时间和单位体积中发生碰撞的次数；k_{12}是速率系数；N_1 和 N_2 分别是颗粒数浓度和聚合物分子浓度（在大多数实际情况 $N_2 \gg N_1$）。

假设一个确定的分数f，在颗粒彻底不稳定之前是聚合物需要被吸附的（或者通过架桥相互作用或电荷中和）。为此发生吸附所需要的时间可以较容易地从方程（6-6）得出，假定颗粒浓度保持恒定（这个假设使聚合物吸附符合一阶速率过程）。随着吸附的进行，聚合物浓度在溶液中降低，吸附率渐进降低。特征时间 t_A 对加入的被吸收聚合物的分数f的关系由式（6-7）给出。

$$t_A = -\frac{\ln(1-f)}{k_{12}N_1} \tag{6-7}$$

式（6-7）表明，对于低颗粒浓度，吸附时间将更长，并和初始聚合物浓度无关。此外，可以得出，在原则上，使聚合物被 100%吸收需要无限长的时间

(f=1)，符合一阶的特性率过程。

为了计算 t_A，需要有速度系数 k_{12} 的表达式。对于通过扩散和流体运动或剪切的运输，分别对应如下方程（5-6）和（5-20）。

扩散：
$$k_{12}=\frac{2k_BT}{3\mu}\frac{(d_1+d_2)^2}{d_1d_2} \tag{6-8}$$

剪切：
$$k_{12}=\frac{G}{6}(d_1+d_2)^3 \tag{6-9}$$

式中，d_1 和 d_2 分别是颗粒与聚合物分子的直径。

通过对直径和剪切速率 G 的合适假设，可以从式（6-7）及相应速率系数计算吸附时间。当然，吸附扩散和流体运动将同时发生，但假如另一个不起作用，这样方便计算每个机制的吸附时间。然后，可以得到一些关于它们的相对重要性的想法。图 6-12 中是球状直径 1μm 的颗粒，有效聚合物卷曲直径从 10nm 变至 1000nm（对应于相对分子质量在几千到数百万范围内）的结果。颗粒浓度 N_1，被假定为 $2\times10^{14}/m^3$ 时，这相当于 1μm 的颗粒大约为 100×10^{-6} 的体积分数。扩散控制吸附过程的结果是在 25℃ 的水溶液系统中获得的。那些剪切引起的吸附，剪切速率是 $50s^{-1}$ 和 $500s^{-1}$，这分别是絮凝和快速混合过程中典型的值。

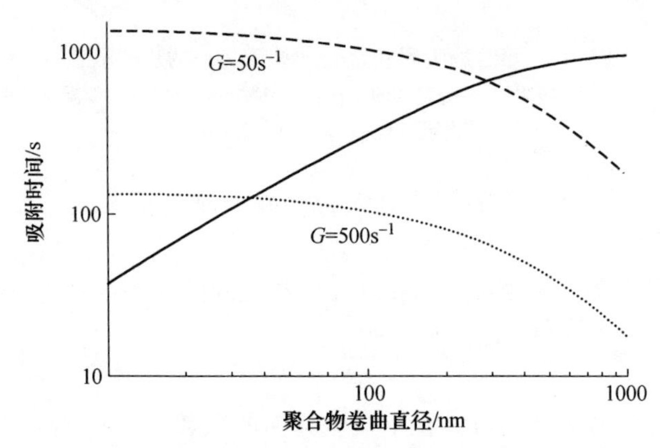

图 6-12 聚合物的计算吸附时间和聚合物的大小的关系
（通过扩散运输（实线）和剪切（虚线），
剪切速率见曲线上，颗粒的浓度为 $2\times10^{14}/m^3$ 时，直径为 1μm）

正如预期的那样，吸附时间在扩散控制过程中随聚合物尺寸的增加而增加，而由于剪切引起吸附时间减少。因此存在的聚合物的大小在该两个过程具有同等意义。对于 $G=50s^{-1}$，这是在 300nm 的区域中，所以除了相当大的分子，吸附应主要被扩散控制，但是，对于较高的剪切速率，约大于 35nm 的聚合物将主要由流体运动输送。同样值得注意的是，预测实际吸附时间很长，高达几分钟。虽然结果极大地取决于假定的参数，这些对于在典型水的处理条件下的絮凝是合理的。在更高的颗粒浓度下，在较大的聚合物的存在下，在较高的剪切速率下，吸附时间将会较短。

吸附时间的长短实际上取决于颗粒间的碰撞速率和相应的絮凝时间。

吸附的聚合物链的重新形成可能相当迅速，虽然关于这个方面了解不多。对于高分子聚合物，达到最终平衡有几秒钟或更长时间的量级时间。再形成速率应仅取决于聚合物的性质和表面覆盖度。它应该是与颗粒浓度独立的，并且这对于非平衡絮凝具有非常重要的意义，这将在本节后面进行讨论。

颗粒的絮凝可以通过碰撞之间的平均时间来表征。可以直接从方程（5-13）得到，如下：

$$t_F = \frac{2}{k_{11}N_1} \tag{6-10}$$

式中，t_F 是一个特性絮凝时间，这相当于第 5.2.1 节所讨论的凝固时间 τ（因子 2 存在是因为碰撞率系数 k_{11} 是聚集率系数 k_a 的两倍），速率系数 k_{11} 通过设定方程（6-8）和（6-9）中 $d_1=d_2$ 计算。

如图 6-12 所示，比较计算出的絮凝时间与吸附速率是有指导意义的。对于相同颗粒浓度和剪切速率，有以下 t_F 和 t_A 值（t_A 值为 100nm 的直径的聚合物）：

扩散： $t_F=815s$，$t_A=310s$

剪切：$G=50s^{-1}$ $t_F=150s$，$t_A=1040s$

剪切：$G=500s^{-1}$ $t_F=15s$，$t_A=104s$

对仅仅扩散充分（没有施加剪切力）的聚合物，在大多数颗粒经历一次碰撞之前被吸附，使吸附不会是一个限速步骤。然而，剪切引起的颗粒碰撞更加迅速并且吸附时间比絮凝时间长。对聚合物而言，$G=50s^{-1}$时，传输过程最有效，但吸附时间（310s）约为絮凝时间的两倍。在较高的剪切速率下，吸附和絮凝速率都取决于剪切，但 t_A 比 t_F 长约 7 倍。这意味着，在聚合物达到充分脱稳之前，颗粒平均会与其他颗粒经历 7 次碰撞。为此，在稀释悬浮液中加入聚合物絮凝剂和在絮凝开始之前，可以观察到一个显著滞后时间。为了得到比在本书的例子中更高浓度的悬浮液，吸附和絮凝率应更高，滞后时间可能没有实际意义。然而，有关相对速率和时间的结论仍然是有效的。

絮体的破碎可能在搅动的悬浮液中是重要的，并已在第 5.4 节讨论。有证据表明，聚合物桥接后，在高剪切速率下，絮状破碎可能一定程度上是不可逆的，剪切速率降低时，破碎的絮状物不容易重组。这对高分子絮凝剂应用是一个重要实际考虑。

非平衡絮凝是图 6-11 中由虚线箭头所指示的过程。吸附聚合物链（图 6-11 中 3）的重组和颗粒碰撞率相比是比较慢的，这一点很重要。后者取决于颗粒浓度，而再重组则不是，这种效果对于浓缩悬浮液是更重要的。在这种情况下，当聚合物链处在一个伸展的状态时，颗粒将在被吸附的聚合物链达到其平衡构象之前发生碰撞。从而导致颗粒之间更有效架桥连接，所以在浓缩的悬浮液中，可以形成更强的絮凝物。阳离子聚电解质和负颗粒的平衡吸附结构通常是平坦的，所以发生架桥相互作用的可能性较小。但是，如果在被吸附的链显著“扁平化”之前，颗粒碰撞已经发生了，那么架桥可以发挥出比电荷中和更重要的作用。对浓缩悬浮液中高相对分子质量的聚合物的絮凝过程（1%固体的数量级或以上），“非平衡絮凝”可能起着主导作用。

虽然本书讨论的絮凝动力学方面完全是就高分子絮凝剂而言，但一些概念很可能也适用于其他的添加剂，特别是沉淀氢氧化物颗粒发挥重要作用的金属水解混凝剂。

6.3.7 应用

自从20世纪50年代引入以来，高分子絮凝剂已在许多工业应用中广泛使用。主要应用领域包括：

（1）饮用水处理。

（2）污泥处理和脱水。

（3）选矿。

（4）造纸。

（5）生物技术。

在所有这些方面，通常基于聚丙烯酰胺合成的聚合物，有着比天然材料更广泛的应用。根据应用，可能需要聚合物不同的特性。最重要的特性是离子特征、电荷密度、相对分子质量、结构（直链或支链）和亲/疏水性的性质。所有的这些特征可以在合成期间得到控制，而且原则上，对一个聚合物絮凝剂进行“量身定做”以适合特定应用是可能实现的。在实践中，经验法经常被采用，通常是尝试一系列的絮凝剂后采用最有效的絮凝剂。基于基本原则，很难为新应用预测最有效的絮凝剂。

在水处理中絮凝剂有几个潜在的应用。它们可以用作无其他添加剂的主要絮凝剂。在这种情况下，高电荷、低相对分子质量阳离子聚电解质最经常被使用。它们的作用是中和在水里的电荷的阴离子杂质。因为颗粒浓度通常很低，絮凝缓慢成为一个问题。此外，为了避免过量和颗粒的重新稳定，剂量控制需要精确。阳离子聚电解质在直接过滤中也有应用，因为它们可以更有效地捕获颗粒（见第7章）。

聚合物的另一个应用是用于饮用水处理混凝水解金属，在这种情况下，添加剂被称为助凝剂。这里的目的是为了加强金属氢氧化物絮凝物的弱的相互作用力。常常发现低电荷、高相对分子质量的阴离子聚电解质对其是有效的。聚合物通常在金属盐之后立即加入，此时氢氧化物沉淀已经形成。

饮用水处理中对添加剂的毒性也有苛刻的要求。被批准用于此目的的产品相对较少。

在水和污水处理污泥脱水时，聚合物能有效地同时增加脱水速率和干污泥的固体含量。对于此应用，高相对分子质量的中等电荷密度的阳离子聚电解质通常是最有效的，尽管作用的确切机制尚不清楚。有些脱水设备，如高速离心机，产生非常高的剪切速率，为了避免破损则需要很强的絮凝体。高相对分子质量聚合物絮凝剂使这些过程得以实现。

在选矿过程中有很多固液分离操作，其中，聚合物起到至关重要的作用，多种聚合物类型被使用。絮凝剂可以用于去除杂质，如在拜耳法生产氧化铝工艺中氧化铁颗粒的絮凝。聚合物还广泛用于脱水操作。聚合物新的应用是选择性絮凝，即混合的悬浮液中的某一个组分可以被絮凝并分离。这个过程要求聚合物选择性地吸附在某一种类型的颗粒上，这就要涉及一些特异性吸附作用。（见第6.3.3节）。

在生物技术中，常常需要去除在发酵培养基中的微生物细胞（通常是细菌或酵母）以回收有价值的产品。高分子絮凝剂，主要是阳离子聚电解质，在这些应用中被广泛使用。一些天然产品，特别是壳聚糖，也可能有效。

絮凝剂在造纸中的应用主要集中于某些成分，如填料颗粒，在纸张成片的过程中的保留。聚合物也可能对纤维素的黏结是有用的。阳离子聚电解质，包括阳离子淀粉被使用，并且有一些不溶性、高度交联的聚合物被用作助留剂的例子。

延伸阅读

1. Dentel S K. Coagulant control in water treatment, Crit. Rev. Environ. Control, 21, 41, 1991.

2. Duan J, Gregory J. Coagulation by hydrolysing metal salts, Adv. Colloid Interface Sci., 100-102, 475, 2003.

3. Gregory J. Polymer adsorption and flocculation, in Industrial Water Soluble Polymers, Finch, C. A., Ed., Royal Society of Chemistry, 62, 1996.

4. Liss S N (Ed.). Flocculation in Natural and Engineered Systems, CRC Press, Boca Raton, FL, 2004.

5. Richens D T. The Chemistry of Aqua Ions, Wiley, Chichester, 1997.

7 分离方法

本章将简要介绍去除水中颗粒的主要方法，但不涉及技术细节。尽管许多概念与其他应用有关，但是其大多数重点适用于饮用水的处理过程。涉及的分离方法包括：

（1）沉降。

（2）浮选（主要溶气气浮）。

（3）过滤（包括深床和膜过程）。

粒径对所有情况都有很大的影响，在通常情况下，上述的一个或多个过程前，通常用凝聚/絮凝增大粒径是不可或缺的首要步骤。过滤是一种有效的分离方法，但是，由于各种原因，之前采用其他分离方法，如沉淀或浮选，可以大大减少后续过滤工序的负荷，并使过滤器运行寿命更长。固-液分离过程的典型步骤如图 7-1 所示。

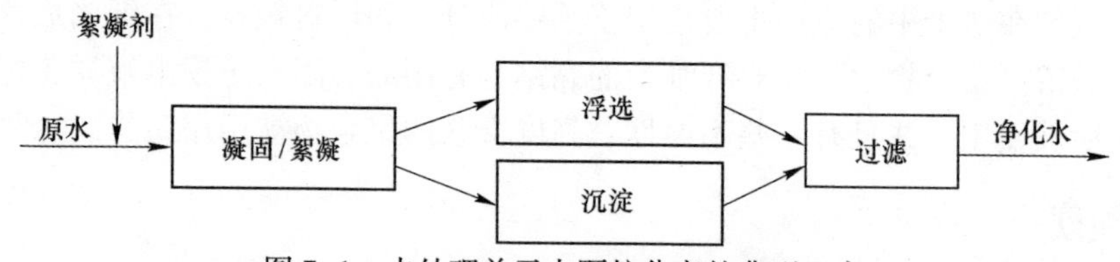

图 7-1　水处理单元中颗粒分离的典型工序

凝聚和絮凝的原理在前面章节已经详尽地描述过，这里将结合以上列出的三个工序给出相应讨论。

7.1　絮凝过程

对有效絮凝的主要要求是：

（1）混凝剂的快速混合。

（2）具有不稳定颗粒进行碰撞的条件以促进絮凝。

要满足第二个要求必须通过机械搅拌或流动（或既搅拌又流动）产生某种形式的流体运动。

7.1.1　快速混合

有效的快速混合（有时称为“闪混”）可以使混凝剂在尽可能短的时间内

向颗粒扩散。混凝剂在颗粒上被吸附并中和颗粒电荷是非常重要的。正如第6.3.6节所讲，低效的混合会导致局部混凝剂过量，从而使一些颗粒重新稳定。短时间强烈的紊流混合是有利的。快速混合过程的高剪切速率也能促进混凝剂的传输，并可以增加吸附速率。对于水解性金属混凝剂，氢氧化物沉淀和絮凝是重要的，在这种情况下，快速混合的作用还不那么清楚。然而，众所周知，水解速率很快，快速混合的条件可能在决定吸附和沉淀形成等关键过程的相对速率方面起着一定的作用。

在理想的情况下，快速混合要强烈，并在短时间（不超过几秒钟）完成。否则，可能会影响随后形成的絮凝物的性质。长时间强烈混合可导致小型、紧凑的絮凝体生长，而其在剪切速率降低时，生长缓慢。

快速搅拌可以在流通式搅拌罐（一个“返混”的反应器）进行，虽然这是一个短路流的低效混合设备，加入凝固剂在短时间内很难实现完整和均匀分布(例如，少于1s)。它更常见的是在一个有湍流条件的位置添加凝结剂。这个位置可以是在一个通道。例如，其中水流过一个堰，或在某种“管内”混合器。后一种方法所涉及加入凝结剂的位置，处于管变窄或变宽的地方，如图7-2所示。

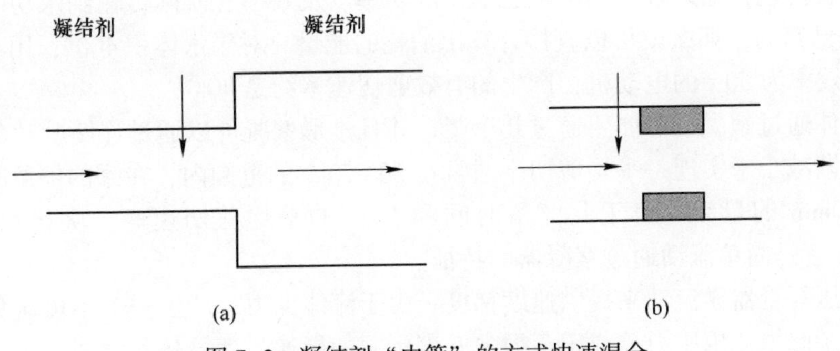

图7-2 凝结剂“内管”的方式快速混合

(a) 扩径管；(b) 缩小管

尽管人们早已认识到快速混合对絮凝过程中起着重要作用，并且已做过一些详细的研究。许多情况下，絮凝单元的性能差的原因是混合不充分。

7.1.2 絮凝体形成

在大多数情况下，大的絮状物生成需要速度梯度或剪应力。同向絮凝已经在第5.2.2节有所介绍。影响絮凝速率的主要有颗粒（絮凝物）的尺寸、浓度和有效的剪切速率 G。高剪切速率可以增加颗粒碰撞率，但也可能会降低碰撞效率，并导致一些絮状物破碎。锥形絮凝过程可以作为一个折中，有效剪切率开始较高，有助于高的絮凝速率，然后剪切速率逐步降低，使较大的絮凝物形成。

在实践中，剪切的应用涉及能量的输入。基本上可以通过两种方式来实现，即机械和液压。

机械装置以各种材料搅拌罐为代表，有时被称为桨絮凝器。桨叶可绕垂直或水平轴转动，但在所有情况下，输入到水的功率取决于施加在桨上的阻力和旋转速度。输入到水的功率虽在原则上可以进行测量，但难以计算。从一个移动桨传递到水的功率等于阻力乘以桨速度（相对于水）。该阻力（第 2.3.1 节）计算如下：

$$F_D = \frac{1}{2}C_D\rho_L(v_p - v)^2A_p \tag{7-1}$$

式中，(v_p-v) 是桨叶和水的相对速度；A_p 是桨叶垂直运动的投影面积；阻力系数 C_D 取决于桨叶的形状，范围通常在 1~2 之间。

输入到水的功率为：

$$P = \frac{1}{2}C_D\rho_L(v_p - v)^3A_p \tag{7-2}$$

然后可以计算输入每单位质量水的功率 ε，也因此可以通过式（5-26）计算有效剪切速率。

可替代地，如果输入到电机驱动桨的功率以及效率（实际传输到水功率的比例）是已知的，那么就可以直接计算出消耗的能量。对于水体积 400^3，用功率为 1kW，效率为 60%的电动机，产生的有效剪切速率约是 $40s^{-1}$。

流体通过絮凝罐可能要通过几个桨，并且锥形絮凝可以通过连续叶片的旋转速度逐渐减小来实现。平均剪切率通常在 $20\sim70s^{-1}$的范围内，在罐的停留时间可能是 20min 的量级。对于此停留时间和 $50s^{-1}$ 的平均剪切速率，坎普数 Gt 是 60000，它是简单流动通过絮凝器的特征。

液压絮凝器靠流动来提供速度梯度。由于流体曳力，产生一个不可避免的能量损耗，此损耗用压力差或压头损失 h 表示。如果通过絮器体积流量为 Q，则消耗的功率为：

$$P = \rho_L gQh \tag{7-3}$$

式中，g 是重力加速度。

液压絮凝发生管流中。在非常低的流速下，或者在细管，层流条件适用，坎普数 Gt 简单表达如下：

$$Gt = \frac{16L}{3D} \tag{7-4}$$

式中，L 和 D 分别是管道的长度和管径。

值得注意的是，Gt 值仅取决于管子的尺寸，而与流速无关。这是因为平均剪切速率随着流速线性增加，而在管中的停留时间反比于流速。因此，该流速对 Gt 没有影响。

而管内层流在实验室絮凝测试中有用，实际所用管状絮凝器总是在湍流条件下（雷诺数约大于 2000）操作，式（7-4）不再适用。管内湍流的压头损失由 Darcy-Weisbach 公式给出：

$$h = \frac{2fLv^2}{gD} \tag{7-5}$$

式中，v 指管中的平均流率（$v = \frac{4Q}{\pi D^2}$）；f 是摩擦系数，取决于雷诺数和管的粗糙程度。很多课本不同条件下的摩擦因数是根据流动机理以图的方式呈现的。

事实证明，可以容易地通过管道紊流将 G 值控制在进行絮凝所要求的范围内。问题是，需要 20min 数量级的停留时间，因此，对于合理的流速，需要很长的管道（典型的为 500m 的数量级）。由于这个原因，管状絮凝器一般不用于水处理，虽然现有的管道可以提供一些有用的絮凝。

某种形式的挡板絮凝是更好的选择，它由一个带挡板的通道或槽组成，从而使流动方向经历若干改变，折流槽絮凝示意如图 7-3 所示。这可以使水压头显著损失，从而简化 G 值计算，而足够的停留时间可以通过一定规模的槽来实现。锥形絮凝可以通过改变连续挡板的形状或间隔来实现。

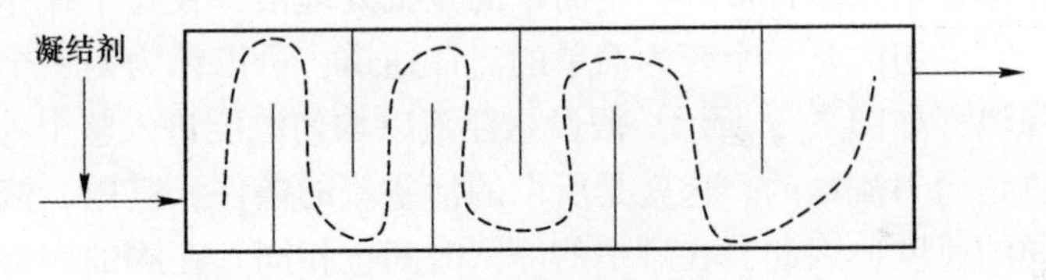

图 7-3 折流槽絮凝示意
（挡板朝向出口间隔更宽，给予较低的有效剪切速率和锥形絮凝）

液压絮凝也可能发生在流动填充床，如在深层过滤中，或在流化床中以及在上流式澄清器中。这些将在下面的章节进行简要地介绍。

7.2 沉降

7.2.1 基础知识

沉降的基本概念都包含在第 2.3.3 节。对于小颗粒的稀悬浮液，Stokes 定律和等式（2-30）是适用的，沉降速率取决于颗粒尺寸和有效（浮力）密度的平方。然而，在下文中，并不需要局限于讨论 Stokesian 颗粒。对于较大的颗粒，沉降速率是由颗粒尺寸和密度决定的，并有一个特征终端速度可以被迅速建立。因为粒径分布的存在，沉降速度也有相应的分布。这可通过一个间歇沉降测试实验得到，如图 7-4 所示，这表示有比例 f 的颗粒，其沉降速度小于给定值 v(f_0 和 v_0 的重要性将在下一节进行说明)。

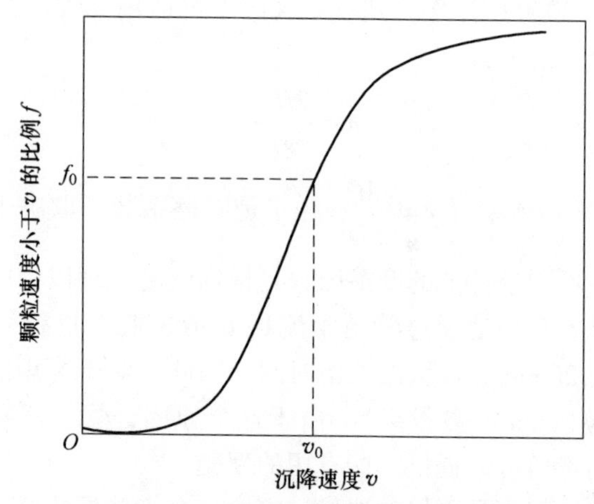

图 7-4 批处理沉降试验沉降速度的分布

7.2.2 实际沉降

实际沉淀单元采取多种形式。最简单的是批处理槽，在每个操作中，都会被填充和排空。它采用的是一个较为简单的流体通道，可以认为是一个流体可以水平通过的沉降池，如图 7-5 所示。假设悬浮液以均匀浓度进入整个入口区且在水平方向流动也是均匀流动的。这就是所谓的活塞流的条件，其中，流体的所有部分都具有相同的速度，因此，在罐中的停留时间也相同。在罐的底部是一个污泥区，并假设在到达此区域内的所有颗粒被永久地从悬浮液中除去。所有通过槽时不通过污泥区的颗粒被认为在出口区离开。

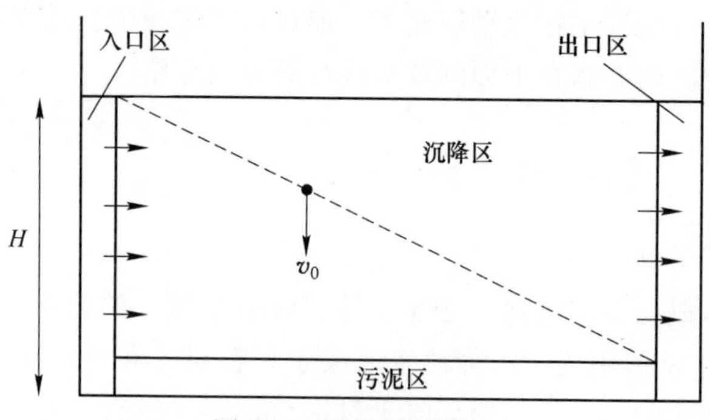

图 7-5 理想的沉降池

有一定的临界沉降速度 v_0，使得所有沉降速度比此值大的颗粒将被去除。这从沉淀区的高度 H 和停留时间 τ 很容易算出，后者取决于体积流率 Q 和沉淀区的体积 HA，其中，A 是表面积。具有沉降速度 v_0 的颗粒，从入口区域的顶部进入，将刚好到达污泥区，如图 7-5 所示。v_0 的表达式如下：

$$v_0 = \frac{H}{\tau} = \frac{HQ}{V} = \frac{Q}{A} \tag{7-6}$$

Q/A 这一项是已知的，作为表面负荷率或溢出率，并等于临界沉降速度。具有此沉降速度所有颗粒，在入口区的顶部进入，将恰好经过沉淀区被除去。较小的沉降速度的颗粒，当它们在较低的位置进入时，也可以被去除，如图 7-5 所示。注意，临界沉降速度决定于给定的沉降槽的表面积，而不是深度。显然，沉降槽的表面积越大，v_0 越小，绝大部分颗粒将被沉降下去（当然，对于给定的体积流动速率，增大的表面积意味着减小深度）。

对于具有 $v_s<v_0$ 的沉降速度的颗粒，其中一小部分（v_s/v_0）将从沉降区除去。所有沉降速率大于或等于 v_0 的 $1-f_0$ 比例的颗粒将被除去。因此，颗粒的去除的总分数由式（7-7）给出。

$$F = (1 - f_0) + \int_0^{f_0} \left(\frac{v_s}{v_0}\right) \mathrm{d}f \tag{7-7}$$

假设活塞式流动和均匀的入口浓度成立，该表达式对沉降槽的行为给出一个有用的指导，那就意味着定量预测在实际应用中将受到一些不确定性因素的制约。

除了平流式沉淀池，辐流式的设计也很常见，并有一定的液压优势。然而，传统的工厂规模沉淀需要相当大的面积，因为沉降槽需要保持适当的表面负荷率(典型的为 1~2m/h 的量级)。

有一些方法可以减少所需的区域，例如使用堆叠的水平托盘，但使用的倾斜板分离更方便，如图 7-6 所示，对于给定的区域，这种沉淀提供更大的表面积(几个有效平行浅沉淀池)。颗粒沉降在板上累积为污泥，通过重力滑动到收集区。管状沉降器以类似的原理工作。

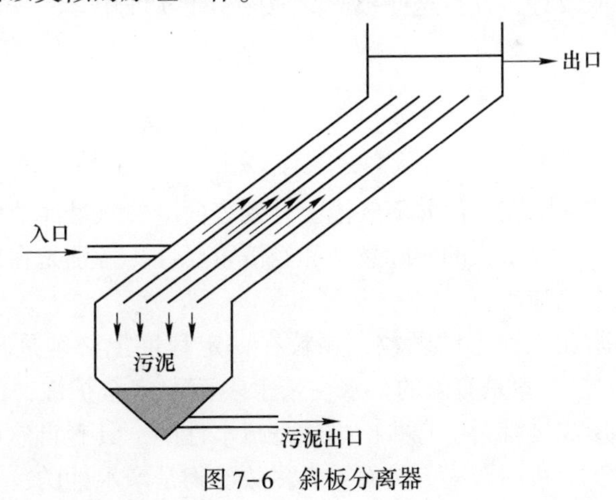

图 7-6 斜板分离器

7.2.3 升流式沉淀池

在合适的槽中向上流动固态的悬浮液中，有可能出现这样一种情况：絮凝物沉降的速率等于水的上升流速，从而创造一个絮状或污泥床（见图 7-7）。进入的不稳定颗粒通过流化床能有效地形成絮凝物，这大大提升了絮凝率。根据式(5-24)，同方向絮凝的速度正比于固体浓度，这个浓度比絮凝器入水口的浓度高得多。

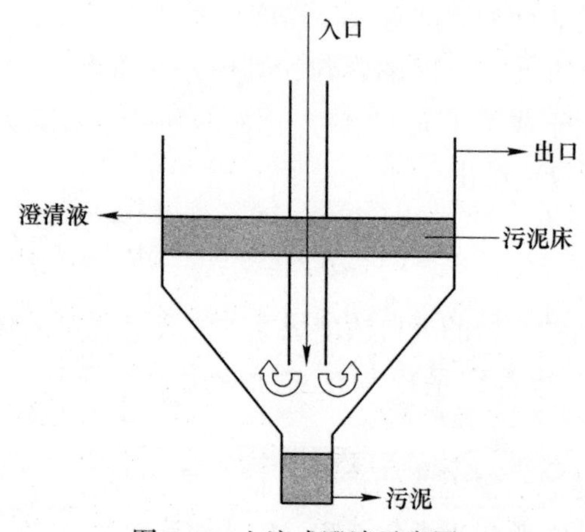

图 7-7　上流式澄清示意图

另一点是在槽里的絮凝增长是由小颗粒附着到现有絮凝物形成的，这比由簇群聚集（见第 5.3.1 节）产生絮凝物密集。意味着该絮凝物具有较高的沉降速率，因此较高的向上流动速率是可能的。

絮凝和沉降组合在一个单一的净化单元具有很大的优势。对于絮凝-澄清，有许多不同的商业设计，并且这些被广泛地应用于实践中。

7.3 浮选

7.3.1 概述

浮选是将颗粒黏附在气泡并随气泡上升到表面，并从悬浮液中将颗粒除去的过程。这个过程具有很重大的实际意义和经济重要性，特别是在矿业领域，每年通过浮选处理数十亿吨矿石。

对于水中黏附在气泡上的颗粒，颗粒在一定程度上必须是疏水性的（水排斥），因此与水的接触角是有限的。水在亲水表面上完全扩散，但如果表面具有一些疏水性，会形成接触角。有些矿物质是疏水性的，具有自然可浮性。这包括许多硫化物矿物，滑石和石墨。然而，大多数矿物是亲水性的，只有当它们的表面被某些试剂覆盖，才可以被浮选，这种试剂一般被称为浮选捕收剂。

在选矿中，浮选主要被用于矿物混合物（即选择性浮选）分离。这利用了不同的组成之间的可浮性差异。通常，矿石经过水和适当的试剂研磨后减小到一定的颗粒尺寸。最细的颗粒或以“泥”状（<20μm）被分离出来做后续处理，较粗颗粒通过浮选气泡处理。空气通常由搅拌器引入，这个过程会产生气泡。选择合理试剂和在其他化学条件下，该混合物的一些组分有可能增加可浮性，而有些组分可浮性降低。浮选的颗粒随泡沫上浮（该过程通常被称为泡沫浮选），通过撇取得以分离，这一过程通常跟随进一步纯化。泡沫浮选工艺在世界范围内广泛利用，特别是用在金属生产上，使难以利用的低品位矿得以利用。

当气泡通过机械过程中引入时，如在泡沫浮选中，就是所谓的分散气浮过程，所产生的气泡是非常大的（直径达几毫米），对在矿物加工中除去粗颗粒和致密颗粒是合适的。而产生更细的气泡可用其他方法，如电解浮选和溶解空气浮选，这更适合于水和废水处理。

电解浮选或电浮选通过在水中用合适的电极之间的直流电流来产生氢气和氧气的气泡。虽然在原理上是可行，但过程并不经济，并具有许多缺点。对于水处理，溶气气浮法（DAF）应用更广泛，这将在下一节讨论。

7.3.2 溶气气浮

溶气气浮是水和废水处理中一个相当常见的方法。该方法在水处理中用于除去低密度的颗粒，如藻类，这些颗粒即使在絮凝后也难以通过传统的沉积方法分离（颗粒的分形性质，见第5.3.3节）。

操作中最常见的方式是在高压下将空气溶解到水中至饱和。饱和水被注入到含有预形成的凝物的主水流，压力突然变小使得空气释放形成微小气泡，气泡上带有絮状物，上升到表面作为浮层，下面留下澄清的水。被空气饱和的水通常取自澄清支流，形成循环使用溶气气浮（DAF）系统，一个DAF装置如图7-8所示。

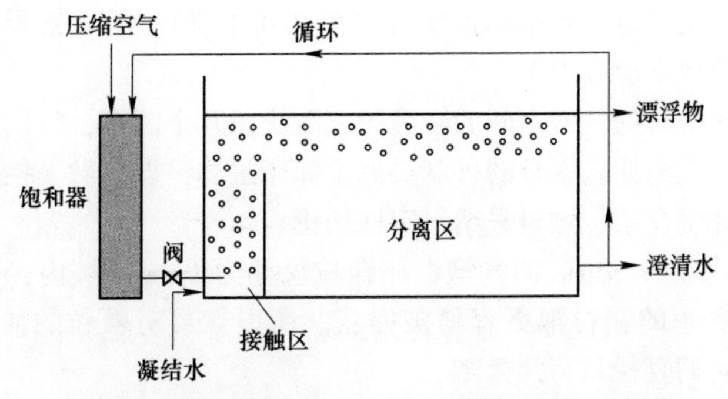

图7-8 溶解空气浮选（DAF）处理过程的示意图

在一个大气压下，20℃时，空气在水中溶解度约 25mg/L。然而，在实际条件下，溶解度是由亨利定律给出，即在液体中的气体的溶解度与气体压力呈线性。因此，通过增加空气压力，可以增加溶解度。在 5bar 典型工作压力下，空气在水中的溶解度是在大气压力下的（因为施加的压力是超过大气压的）6 倍。在 DAF 装置中，空气在饱和器的高压条件下溶于水，通常是通过一个填料塔，保证气体和液体之间可以有效接触。在实践中，大约 90%的饱和度（即约为由亨利定律预测的理论溶解度的 90%）是可以实现的。

加压水通过阀或喷嘴被引入到接触区，如图 7-8 所示，压力突然减少微细气泡立即释放，气泡直径通常在 30~100μm 的尺寸范围内。普遍发现，压力越高，气泡越小，虽然效果不是很明显。释放在接触区的空气浓度取决于空气在饱和器中的溶解量（以及因此所施加的压力）和再循环比率，通常是在 6%~10%的范围内。如果假设在 5bar，20℃下，溶解率为饱和度的 90%，则注入水中的空气浓度为 $25\times6\times0.9=135$mg/L。当压力降低，空气从饱和器释放的量是 $135-25=110$mg/L。因为稀释因子是 92/8，气泡在接触区的浓度约为 9.6mg/L，这一值在许多水处理所要求的范围内。通过空气在 20℃的密度（约 1.2g/L），可以算出空气在水中的体积浓度大约是 8mL/L 或 8000×10^{-6}。对于平均直径为 50μm 的气泡，这对应于 1.2×10^{8}/L 的个数浓度。

对于一个负载颗粒的泡沫（或絮状物），泡沫和颗粒发生碰撞是重要的。碰撞对负载来说可能是有效的也可能是无效的，这取决于颗粒和气泡之间的相互作用。颗粒表面需要具有一定的疏水特性，否则气泡不能发生附着。如果两个泡沫和颗粒表面携带电荷的符号相同，也可能因为静电斥力（见第 4.3.2 节）使附着受到阻碍。气泡和自然离子在水中表面带负电荷，因此附着这个过程是难以发生的。通过使用合适的凝结剂，如可以水解的金属盐，可以使颗粒的表面电荷减少，并且使亲水性颗粒表面呈现更强的疏水性。这两种效应都会使气泡附着的可能性变大（另外，絮凝物的尺寸越大，与气泡碰撞越频繁，后面将会介绍）。颗粒和气泡之间的相互作用决定于碰撞效率，即气泡颗粒通过碰撞附着的比例值。这类似于胶体稳定性碰撞效率的概念（见第 4.4.4 节）。随着絮凝剂及其用量的合理选择，碰撞效率应接近 1。

悬浮颗粒和上升的气泡之间的碰撞频率取决于几个因素，特别是气泡和颗粒的尺寸和浓度。气泡捕获颗粒的机制类似于深床过滤，即扩散、拦截和沉淀。这些将在下一节详细介绍，这里只给出定性结论。

（1）对于大小约 50μm 的气泡，在颗粒尺寸为 1μm 区域内，气泡捕获效率最小。更大和更小的颗粒都更容易被捕获。所以絮凝对颗粒的捕获（如藻类）很重要，因为它们直径只有几微米。

（2）在其他条件相同的情况下，较小的气泡具有更高捕获效率。

(3) 气泡浓度（或循环比）越高，颗粒越容易去除。然而，在大多数情况下限制循环比不超过约 10%。

对于给定的颗粒悬浮液，必须的临界空气量只是防止颗粒沉降。如果考虑重力，这很容易计算，可通过方程（2-29）计算。对于气泡，相应的力如下：

$$F_g = \frac{\pi d_b^3}{6}(\rho_b - \rho_w) \tag{7-8}$$

式中，d_b 是气泡直径；ρ_b 和 ρ_w 分别是气泡和水的密度。事实上，由于空气的密度比水小很多，可以忽略 ρ_b。

通过使颗粒上的向下的力和气泡向上的力相等（假设颗粒为比水更致密），临界气泡尺寸 d_{bc} 与颗粒直径以及相应的体积有关。可以通过式（7-9）计算。

$$\left(\frac{d_{bc}}{d_p}\right)^3 = \frac{V_{bc}}{V_p} = \frac{\rho_p}{\rho_w} - 1 \tag{7-9}$$

式中，d_p 和 ρ_p 是颗粒的直径和密度；V_{bc} 和 V_p 是气泡和颗粒的体积。

最后，临界空气/固体质量比可以计算出来。见式（7-10）

$$\frac{\text{Air}}{\text{Solid}} = \left(\frac{\rho_p - \rho_w}{\rho_w}\right)\frac{\rho_b}{\rho_p} \tag{7-10}$$

值得一提的是，式（7-10）的推导没有涉及关于颗粒大小或形状的假设，只关注他们的浮力质量。不管颗粒的聚集状态如何，防止沉降的临界空气质量是相同的。在原则上，所需漂浮颗粒的空气的最小浓度应正比于固体浓度。然而，在实际的 DAF 装置中，对于几微米大小的颗粒，临界气泡尺寸实际要小一些。要将小颗粒漂浮起来，至少要被一个气泡附着，这就需要较高的空气与固体之比，特别是当颗粒具有密度较低时，这将高于由式（7-10）计算的值。对于小颗粒和较大的气泡，有可能几个颗粒附着在一个气泡上，按此假设则需要的空气与固体比会下降。然而，小颗粒仍然需要过量的空气，这是 DAF 前需要絮凝的一个重要原因。如图 7-9 所示，其中临界空气与固体之比被绘制成絮体直径的函数。对于这些计算，需要假设基本颗粒的大小和密度，絮凝物的分形维数（见第 5.3 节）和气泡的平均直径。这里选择的值是 $d_p = 2\mu m$，$\rho_p = 1.1 g/cm^3$、$2.5 g/cm^3$，$d_F = 2.2\mu m$ 和 $d_b = 50\mu m$。该密度值适合生物颗粒（如藻类）和更致密的颗粒（如黏土）。

图 7-9 中显示了随着絮状物尺寸增大，超过一定值后临界空气与固体比值急剧下降（箭头上的数字表示）。常量值是由式（7-10）所预测的理论值。对于密集的颗粒这个数值是 7.2×10^{-4}，絮状物尺寸为 134μm。这种大小的絮状物，理论空气与固体比相当于每絮状物只有一个 50μm 的泡沫。对于较低密度的颗粒，相应的值是 1.09×10^{-4} 和 460μm（对小絮凝物允许每个絮状物对应多个气泡，结果会改变，但对于大的絮凝物的常量值是相同的）。

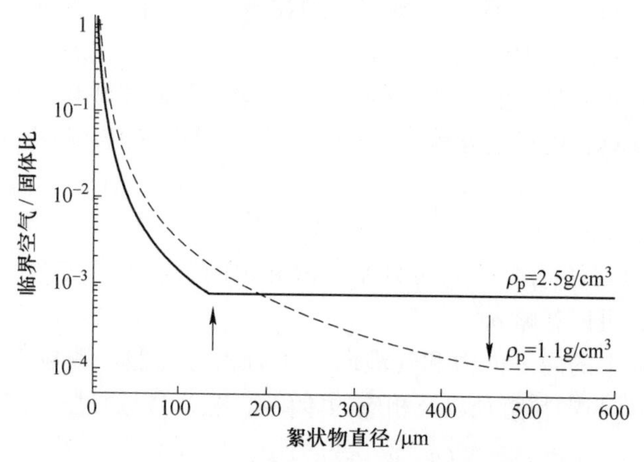

图 7-9 临界空气/固体比对漂浮絮状物直径的函数

在实践中，实际上需要比式（7-10）的临界值更高的泡沫浓度比，从而使气泡-絮凝聚集体以适当的速率上升。在先前所引用的可实现的气泡浓度（约 10mg/L）和颗粒浓度（100mg/L）条件下，空气与固体比至少为 0.1，则需要过量的空气，以实现泡沫颗粒快速碰撞，从而有效去除颗粒。

在一个 DAF 装置（见图 7-8）的分离区域，上升速率可以达到很高（超过 10m/h），大大超过絮凝物的典型沉积速率。这意味着，水力负荷率将比传统沉降单元高得多，空间需求减少。DAF 装置的运行速率最高可达约 15m/h，这使得该方法具有很大的吸引力。

7.4 过滤

对固液分离，过滤过程可以分成两大类。其中的一种是使悬浮液流经一个带有固体颗粒的床层进行过滤，如砂的过滤，以及众所周知的深床过滤、深度过滤和颗粒介质过滤。另一种是膜过滤，这基本上是使用具有确定尺寸孔的一薄层材料进行过滤的方法。

7.4.1 深床过滤

深床过滤是迄今为止在水处理中最常使用的过滤方法。这种过滤方法大约开始于 19 世纪，因为它可以有效过滤掉许多病原微生物，因此该种过滤方法是公共卫生的一大进步。早期的过滤器都是（最多至约 0.5m/h）通过带有细沙的床层的低流速过滤。这些过滤器被称为慢沙过滤器，它们的过滤效率是非常高的。其效果是由表面层中的沙粒细度和生物作用共同决定的。需氧菌产生的胞外聚合物，形成黏结网络（即去污层），细颗粒的去污能力增强了。由于慢沙过滤器需要面积大以及清洗方法不方便，所以没有被广泛使用（伦敦例外）。这里将主要集中介绍快速过滤器。

快速过滤器通过颗粒介质（如快速砂滤）过滤，快速过滤的速度为5~30m/h，并且主要依靠物理去除方法。可以通过重力（快速重力过滤器）或者通过施加压力（压力过滤器）促使过滤液流动。然而，两种操作模式的基本原理相同。

一个基本点是，快速过滤所使用的颗粒介质的典型晶粒尺寸在0.5~2mm的范围内。晶粒之间的孔隙大小在一个数量级上，通常远大于要除去的颗粒。这意味着，简单的排列并不是有效的去除机制。而是当颗粒被沉积在过滤器颗粒表面或存在沉积颗粒时，颗粒就能够被除去。在深床过滤器去除颗粒的两个基本要求：

（1）颗粒转移到过滤器颗粒介质上。

（2）颗粒附着到介质表面或到现有的沉积表面。

这些类似于颗粒聚集（见第6章）的碰撞和附着步骤，或类似的原理。传输取决于许多因素，包括流率、介质尺寸、颗粒尺寸和床层的孔隙率。附着取决于颗粒和介质表面之间的相互作用，这与第4章中所讨论到的胶体之间的相互作用是一样的。碰撞效率因子α和颗粒与介质表面碰撞并黏附的分数实际上是一样的。在合适的化学条件下，颗粒和过滤器介质之间的斥力可以消除，从而使每一次碰撞都会吸附（$\alpha=1$）。为简单起见，做出如下假设。

在深床过滤的颗粒捕获理论中，通常以过滤介质作为捕获器，这样处理球形颗粒和球形捕获器更加简单。在实际情况中，在层流条件下，在滤孔中的流动足够的慢，这使得处理起来更容易。

通过捕收颗粒的一个重要概念是单个捕收颗粒效率η。此概念被定义为颗粒接近捕收颗粒并与之碰撞的分数。对球形捕收颗粒而言，接近捕收颗粒的数目是由水的逼近速度U（即捕收颗粒的上游速度）、颗粒的数量浓度和捕收颗粒的投影面积共同决定的。因为流线分布在捕收颗粒（见图7-10）周围，捕收效率可能远小于1。这是一个流体动力效应，而碰撞效率α由胶体相互作用和该系统的化学性质确定。因为假定$\alpha=1$时，捕收效率是等于捕获效率的。对于球形捕收颗粒，收集效率由式（7-11）给出：

$$\eta=\frac{4I}{\pi d_C^2 U_C} \tag{7-11}$$

式中，I是在单位时间内捕获的颗粒的数目；d_C是捕收颗粒直径。

在水过滤中，有三个重要的颗粒输送机制，详细情况如图7-10所示。

（1）扩散：由于布朗运动，颗粒从流体偏离。

（2）拦截：如果颗粒的中心在一个流线上，并且在捕收颗粒颗粒半径之内，颗粒就会与捕收颗粒进行接触。

（3）沉淀：其中重力使颗粒从流体流线分离进入捕收颗粒表面。

这些取决于颗粒和捕收颗粒的尺寸以及流体流速。颗粒尺寸这一点是极其重

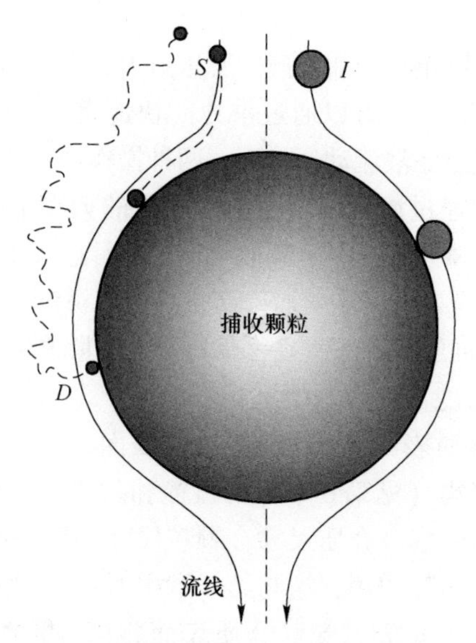

图 7-10 深层过滤中的捕获机制
（颗粒可以通过，以致扩散（D），拦截（I），或重力沉降（G）
接触捕收颗粒。扩散和沉降使颗粒沿流体流线离开）

要的，因为颗粒尺寸不同就会以不同方法进行传递。对于较小的颗粒，扩散变得更重要，而对拦截和沉淀，这是不成立的。尽管有可能导出在所有三种情况下的捕收颗粒效率的解析表达式，但是要简化假设，不考虑到颗粒和捕收颗粒之间重要的流体动力学相互作用（类似的影响对颗粒聚集也很重要，见第 5.2.5 节）。更好的方法是对三大传输模型的捕收效率 η_D、η_I 和 η_G 进行数值计算。这些计算包括颗粒和捕收颗粒之间范德华引力，此时需要 Hamaker 常数的值（见第 4.2.3 节）。虽然是对单个捕收颗粒进行的计算，但是却可以应用到填充层过滤器内的颗粒。可以通过一个系数来表示邻近颗粒之间的相互影响，该系数取决于填充床的孔隙率（参见后文）。因为相邻捕收颗粒的存在，捕收颗粒的效率有所提高，这基本上是因为流线变得更加“拥挤”，因此通过时更接近捕收颗粒。

可以进行合理的假设，假设这三个贡献是叠加的，则总捕收颗粒效率如下：

$$\eta_T = \eta_D + \eta_I + \eta_G \tag{7-12}$$

以计算的结果为纵坐标，颗粒大小为横坐标，绘图 7-11，满足以下条件：粒径 0.5μm，流体速度 5m/h，颗粒密度 2000kg/m^3，温度 20℃，Hamaker 常数为 10^{-20}J，床空隙率为 0.40。

这些结果的最显著的特征是当颗粒尺寸约为 1μm 时，捕收颗粒的效率是最小的。这是颗粒尺寸对捕收颗粒效率影响的结果。对于非常小的颗粒，影响传输机制的主要因素是扩散，所以随着粒径减小，效率是增加的。对于较大的颗粒，

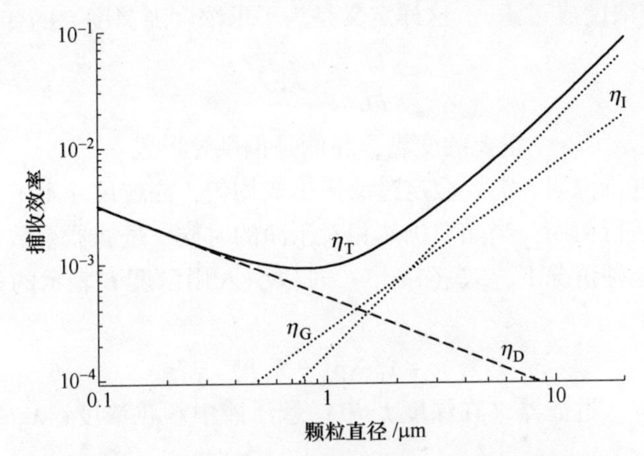

图 7-11 通过扩散、拦截和沉淀，球形颗粒的捕收效率与颗粒尺寸的关系

（总捕收颗粒效率 η_T，是单个捕收效率总和。条件见正文）

拦截和沉淀的效果更显著，粒径增大导致捕收颗粒效率增大。对粒径在 1μm 左右的颗粒，扩散和其他传输机制有相同的意义，所以捕收颗粒效率此时最小。

流速也是一个重要的参数，如图 7-12 所示，其中总捕收颗粒效率的条件和图 7-11 条件相同，它描绘了三种不同速度的捕收效率值。随着流速从 1m/h 增加到 20m/h，对于较小颗粒，总的捕收颗粒效率降低了 10 倍左右，虽然效果低于较大颗粒。增加的速度使颗粒更迅速地掠过一个捕收颗粒，从而捕捉机会减少。较高的剪切速率也降低捕获的机会。这些影响对深床过滤具有重大的现实意义。

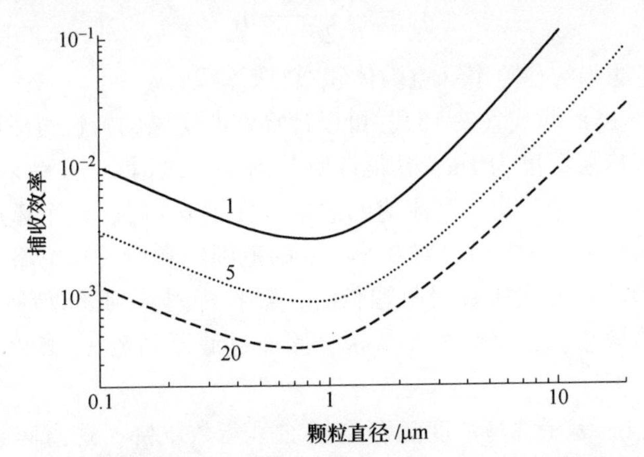

图 7-12 在不同的流速（曲线上的值是 m/h 的近似）的总收集效率

（其他条件见图 7-11）

当悬浮液流动通过一个填充床，颗粒可以通过前面讨论的机制去除。所以随着深度的增加，颗粒浓度降低。这通常被称为具有特性滤波器系数 λ 的一阶过程

（除去率与颗粒浓度成正比）。这样定义是为了求浓度随深度 L 的变化率。

$$\frac{\partial c}{\partial L} = -\lambda c \tag{7-13}$$

（因为时间是另一个重要的变量，左侧是偏微分形式。）

为进一步进行说明，需要假定过滤床组成均匀，晶粒尺寸不随深度变化而变化。在过滤器运行初期，当晶粒仍然相对干净的时候，过滤器系数可视为床层的一个常数。在这种情况下，式（7-13）可以引入用深度 L 表示的过滤颗粒的浓度的这一变量：

$$c = c_0 \exp(-\lambda_0 L) \tag{7-14}$$

式中，c_0 是在进入过滤器（在深度 $L=0$）悬浮液中颗粒浓度；λ_0 是清洁床过滤系数。

过滤系数为 $1m^{-1}$，深度每增加 1m，颗粒浓度就会减少 $1/E$（约 0.37）。因此，对于一个 1m 深的过滤器，滤液中颗粒的浓度为入口浓度的 37%左右，或约 63%。对于一个 2m 深的过滤器，对应去除量将是大约 86%。需要注意的是，原则上，在有限深度的过滤器中，无法达到 100%的去除。换句话说，我们无法设计一种“绝对”过滤，使得所有超过一定尺寸的颗粒都能去除。然而，在某些情况下去除率接近 100%是可行的。

在 λ_0 和单一捕收颗粒效率 η_T 之间有简单的联系，它遵循简单的几何和质量的平衡关系：

$$\lambda_0 = \frac{3(1-\varepsilon)}{2d_C}\eta_T \tag{7-15}$$

式中，ε 是所述滤床的孔隙率（空隙体积/总床体积）。

使用式（7-14）和式（7-15），可以计算在所定义的特性过滤床中除去颗粒的百分数。如果床层深度为 1m，其他性质与图 7-12 相同，其结果在图 7-13 中可以获得。可以清楚地看出提高流速的效果。在 1m/h 时，整个床层内颗粒去除率接近 100%，而在 20m/h 时，对 0.5~1m 的范围的颗粒去除率略高于 50%。这些计算都假设颗粒在首次接触捕收颗粒时，颗粒都附着到捕收颗粒上（$\alpha=1$）。对于较小的碰撞效率，捕收颗粒效率 η_T，因而过滤器系数 λ_0 将相应地降低，过滤器过滤量将降低。

方程（7-14）表示滤液浓度随深度增加呈指数下降，这意味着该滤床的上层比下层除去更多的颗粒。这些颗粒附着在过滤器介质上，所以过滤系数是偏离空床层的过滤系数 λ_0 的。最初，过滤器系数可随着沉积的颗粒的影响而增加，使在早期阶段提高性能（称为过滤成熟的过程）。然而，沉积物增加最终导致过滤器系数降低，部分原因是因为沉积的形成导致滤孔堵塞程度增大，并且伴随着水头损失升高以及局部流动速度增大（假定体积流量恒定），从而使真正的过滤

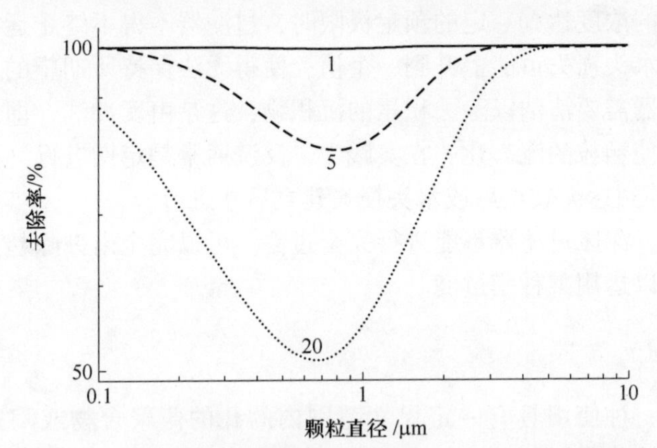

图 7-13 在 1m 深的过滤器中，以颗粒尺寸的函数，流量对除去颗粒的百分含量的影响（在 m/h 逼近速度）

（其他条件在文中给出）

器的性能难以预测。

图 7-14（a）显示出颗粒在深床过滤两个阶段水流中的浓度。在过滤器运行初期，床层仍然是干净的，正如由式（7-14）所预测的那样，曲线呈指数形式。之后，上层床层移除较少，可以看出该区域的颗粒浓度没有发生变化。沉积在床层中微粒的量的曲线显示出相似的效果。随着沉积进一步渗入床层和出现突破时，最终床层中的颗粒浓度开始上升，如图 7-14(b）所示。这表明，在过滤器中浓度随时间先降低（前面提到的熟化效果），然后浓度保持在某一恒定的低值时期，最后有明显的上升，直到完全没有去除的发生，颗粒浓度和入口的浓度值一样。

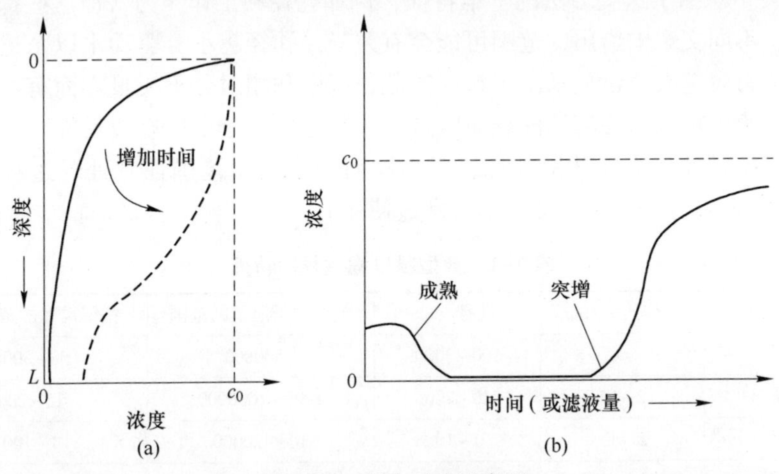

图 7-14 深床过滤示意图

（a）颗粒过滤器中颗粒浓度与深度的关系；（b）颗粒浓度随过滤时间（或滤液体积）的变化，表示最初的“成熟”相，然后突增（不按比例）

当将滤液的浓度达到一定的预定极限时，过滤器不得不终止运行。另一个原因是，整体的水头损失可能上升到一个值，使得无法保持所期望的流速。在两种情况下，过滤器需要清洁以除去积累的沉积物，这是由反冲洗，即通过床向上流动的清洁水，使颗粒的流态化。在实践中，反洗通常是定期进行（每 2 天进行一次），而不是等到达突破点后或水头损失建立后才进行。

如前所述，深床过滤器不能进行完全过滤。可以完全出去除超过一定尺寸的颗粒，然后可以运用某种膜过滤。

7.4.2 膜过滤

膜过滤是一种使用具有一定尺寸范围内的孔的薄聚合物或陶瓷膜的分离过程。孔越细，被除去颗粒越小。用于制造膜的聚合物材料有乙酸纤维素和聚砜等。实际的聚合物过滤膜是非常薄的（通常 0.1~1μm），并通过一个多孔结构基材支撑。陶瓷膜通常由金属氧化物，如氧化铝制造，而氧化铝通常使用某种形式的溶胶-凝胶工艺制备。这里不详细介绍膜的制造细节，着重介绍一些膜过滤的重要特征。

膜过滤可分为四类，这取决于膜的有效孔径，从而决定除去杂质的大小。它们分别为：

（1）微滤（MF）。

（2）超滤（UF）。

（3）纳滤。

（4）超滤（或反渗透）。

表 7-1 总结了这些方法的基本特征，例如孔径和工作压力，但这些都不是绝对的值，不同文章中给出的范围可能会有差异。孔径越小，驱动水以合适速率通过膜的压力就越大。还显示出了粒径的截止范围和相对分子质量方面有类似的趋势，因为膜也可以除去溶解的杂质，这取决于它们的分子的有效尺寸。在一些列表中，仅在微滤中给出截留粒径，截留相对分子质量范围在它处理过程中给出（术语截留相对分子质量，MWCO，常被使用）。

表 7-1 典型膜过滤过程的特征

过程	操作压力/bar	孔径/nm	截留分子质量的范围	截留尺寸的范围/nm
微滤	<4	100~3000	>500000	50~3000
超滤	2~10	10~200	1000~1000000	15~200
纳滤	5~40	1~10	100~20000	1~100
反渗透	15~150	<2	<200	<1

反渗透（超滤）是与其他类型的膜过滤不同的。后者需要压力以克服膜的

水力阻力，而反渗透，必须克服溶液的天然渗透压。反渗透膜的孔很小，截留了大部分的溶质，包括溶解的盐，但只要施加足够的压力，水就能通过。在一定程度上，类似的情况也适用于纳米过滤，这是反渗透和超滤之间的中间情况。反渗透对于微咸水和海水脱盐具有吸引力。对后者，渗透压为约 28bar，实践中实际压力更高（大于 50bar）。由于反渗透主要用于去除水中的溶质，而所关注的是颗粒分离，这里就不做过多介绍。

膜过滤有两种操作方法：

（1）垂直流过滤。

（2）交叉流过滤。

这两种被广泛使用，具体方式如图 7-15 所示。

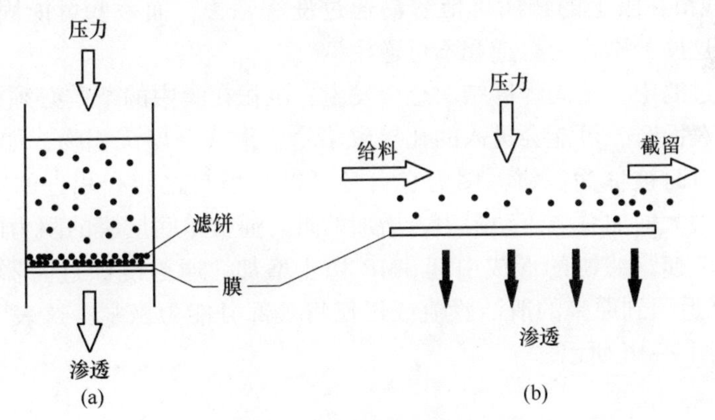

图 7-15 两种膜过滤方式

（a）垂直流过滤；（b）交叉流过滤

在垂直流过滤中，所有的进料水流动通过膜（作为渗透），粒径大的各种杂质不能穿过孔而积聚在过滤器模块中。除去这些杂质的一些方法是必要的。

在交叉流过滤中，所有给水都流过膜，只有一部分通过膜。保留的杂质留在渗余物中，通常经过再循环。这种操作模式不可避免地产生含有高浓度杂质的废液流。然而，在垂直流模式下操作的膜过滤器需要定期清洗（见后文），这也产生了浓缩废液。

实践中，滤膜包括以下几种方式：

（1）管状膜，内径大于 3mm，成束状。

（2）毛细管束，具有数百个或数千单独的中空纤维，内径为 1mm 的量级，捆绑成一个紧凑的模块。

（3）螺旋缠绕组件，包括卷绕在中央多孔管状芯的膜片，膜片作为渗透物捕收颗粒。

（4）板框模块，其中平行的平整膜片与多孔隔板堆叠，它们用于收集渗透液。

这些安排都旨在在一个小的空间提供大的过滤面积，因为膜的通量小。流速取决于膜的类型（特别是孔隙尺寸）和跨膜压力（TMP），通常以 $L \cdot m^{-2} \cdot h^{-1}$ 表示。对微滤（MF）膜来说，典型的值约为 $150L \cdot m^{-2} \cdot h^{-1} \cdot bar^{-1}$，超滤和纳滤膜值低得多，需要相对较高的压力，以实现相当的流量值。

假设 MF 单元在 1bar 下工作，TMP 要达到 $150L \cdot m^{-2} \cdot h^{-1}$，则相应的近似速度仅为 0.15m/h，这比用于快速砂滤的值要低得多（5~30m/h）。因此，大过滤面积是必要的。

对所有类型的膜过滤，存在的最显著问题是膜结垢。该过程中，进料水中的污染物沉积在膜表面上或孔内，并导致通量的减少（或增加的 TMP 以保持通量）。一些残留在膜上的物质可能容易通过洗涤除去，而一些可能固定至膜中，除去困难。这些分别称为可逆和不可逆污染。

垂直流过滤中，不同程度结垢总会发生，沉积在膜中的杂质必须被除去。当颗粒接近膜表面时，可能会进入的孔导致堵塞或形成一层沉积物，如图 7-15 所示。沉积层有时被称为滤饼，因为它自身可以充当与之粒径相近的颗粒的过滤器。滤饼会大大增加总体流动阻力，增加的阻力通常是底层膜的阻力的数倍。要得到一定的流速，滤饼的形成引起 TMP 稳步增加。通过洗涤过滤器除去滤饼，可以将 TMP 返回到原来的清洁膜值或仅仅将其部分能力恢复，这表明存在不可逆污染，如图 7-16 所示。

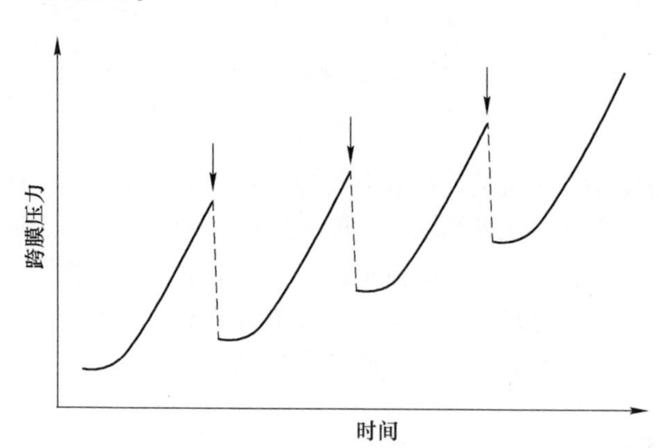

图 7-16 垂直流过滤过程中跨膜压力（TMP）随时间（恒定流量）的变化

图 7-16 中表示压力随着结垢发生增大（滤饼的积聚）。箭头指膜清洗。需要注意的是每个周期中，渗透性只部分恢复，表明存在一些不可逆污染。

交叉流过滤不易有结垢问题，这是其固有特点决定的，因为杂质都平行地经过膜表面。然而，在膜上可能会发生一些沉积，使 TMP 的通量逐渐下降或上升。研究显示，保持在低于某一值的跨膜通量（临界通量）能大大降低了结垢问题。

临界通量取决于膜表面的参数，如颗粒尺寸和剪切速率。

膜结垢问题可以通过某种形式的水的预处理被显著减小。例如，凝聚/絮凝是有效的，因为大的颗粒（絮凝物）可以使颗粒更少渗透进孔隙和更易形成渗透性滤饼。

当一个膜被污染的时候，它必须能以某种方式进行清洁。可利用的方法包括：用水正向或反向冲洗。后者（反冲洗）通常更有效，但不针对强烈吸附在膜上的杂质。振动（高达1000Hz）或超声（约40kHz）可能大大提高清除度。最后，也可以使用一些化学清洁方法。

对于水中颗粒的去除和废水处理，通常在MF和UF之间选择。这些操作除了需要的TMP不同，其他条件类似。因为较小的孔的超滤膜能够更好地去除微小的胶体颗粒，包括所有的病毒。微滤膜只除去部分病毒。超滤膜也可以显著除去溶解的有机物质，例如腐殖质。

延伸阅读

1. Boller, M. (Ed.), Nano and Microparticles in Water and Wastewater Treatment, IWA Conference, Zurich, September 22 - 24, 1993. (Published in Water Sci. Technol, 50 (12), 2004.)

2. Casey, T. J., Unit Treatment Processes in Water and Wastewater Engineering, Wiley, Chichester, 1997.

3. Haarhoff, J. and Edzwald, J. K., Dissolved air flotation modelling: insights and shortcomings, J. Wat. Suppl.: Res. & Technol. — AQUA, 53, 127, 2004.

4. McEwen, J. B. (Ed.), Treatment Process Selection for Particle Removal, American Water.

5. Works Association, Denver, 1998.

6. Svarovsky, L. (Ed.), Solid - Liquid Separation, Butterworth - Heinemann, Oxford, 2000.